JN271948

Aクラスブックス

2次関数と
2次方程式

桐朋中・高校教諭
矢島 弘 著

昇龍堂出版

まえがき

　中学校，高校の学習内容のうち，「2次関数」，「2次方程式」はたいへん重要であり，かつ興味深い分野です。しかし，教科書の扱いは内容が分断され，整理されていません。本書では，それらの内容を「2次関数」を題材とする考え方で解説し，中学校，高校の区分にとらわれず，内容が理解しやすいようにまとめてあります。1章から順に学習することにより，高校入試から大学入試のレベルまで，幅広い学力をつけることができます。

　学校での予習，復習の教材として，ひいては大学入試のための総復習として役立ててください。この参考書によって，数学への興味が広がり，みなさんが楽しく数学を学習できることを切望します。

　この本は，3章から構成されています。1章は中学校，2・3章は高校1年生での「2次関数」，「2次方程式」の学習内容となっています。各節で基本事項をまとめ，具体的な 例 を学びながら，順に読み進めることで高いレベルまで効率よく学習できます。

　例題 はその節を理解するための大切な問題を精選し，模範的な解答を示してあります。また， 参考 で解答とは異なる解き方などを簡単に説明しました。
問 は例題の類題や確認問題です。問を解くことによって，重要なことがらの理解をさらに深めます。「説明」→「例題」→「問」という流れをくり返すことにより，効果的な学習ができます。

　演習問題 はいくつかの節のまとめとして，とくに重要な項目を反復練習するための問題です。「2次関数」の知識を確実なものにします。

　総合問題 は章末にあり，1章は高校入試，2・3章は大学入試問題から精選しました。レベルの高い問題を解くことにより，さらなる数学力がつきます。

　また，各章の応用的な問題には★，発展的な問題には★★をつけて，難易度を表記しました。★★の問題も臆せずにチャレンジしてください。

　研究 は「2次関数」，「2次方程式」の内容ではないものや，高校での必修分野ではないもので，その節に関連があるものを解説しています。読み飛ばすことなく学習してください。

　コラム はその節に関連するおもしろい話題について解説してあります。ぜひ，興味をもって読んでください。

　解答編 は別冊です。まず答えを示し，その後に解説として考え方や略解を示しました。難しい問題も解説を読めば，理解できるように工夫してあります。

著　者

目次

1章　2次関数 $y = ax^2$ ……………………1
1　2次関数 $y = ax^2$ のグラフ ……………………1
2　2次関数 $y = ax^2$ の値の変化 ……………………6
- 2乗に比例する関数 $y = ax^2$ ……………………6
- 変化の割合 ……………………7

3　2次関数 $y = ax^2$ の最大・最小 ……………………10
4　2次関数 $y = ax^2$ の応用 ……………………15
- 放物線と直線の共有点 ……………………15
- 放物線と図形の応用 ……………………16

総合問題 ……………………21

2章　2次関数 $y = ax^2 + bx + c$ ……………………23
1　2次関数 $y = a(x-p)^2 + q$ のグラフ ……………………23
1. 2次関数 $y = a(x-p)^2 + q$ のグラフ ……………………23
2. グラフの対称移動 ……………………25

2　2次関数 $y = ax^2 + bx + c$ のグラフ ……………………28
1. 2次関数 $y = ax^2 + bx + c$ のグラフ ……………………28
2. グラフの平行移動 ……………………30
3. 2次関数の決定 ……………………32
4. 絶対値のついた関数のグラフ ……………………34

[研究]　双曲線 $y = \dfrac{a}{x}$ の平行移動 ……………………36

3　2次関数 $y = ax^2 + bx + c$ の最大・最小 ……………………39
1. 2次関数 $y = ax^2 + bx + c$ の最大・最小 ……………………39

[研究]　無理関数 $y = \sqrt{ax}$ のグラフ ……………………46
- 無理関数 $y = \sqrt{x}$ のグラフ ……………………46

総合問題 ……………………49

3章　2次関数と2次方程式・2次不等式 ……………50
1　2次関数のグラフと2次方程式 ………………50
1　2次方程式と判別式 ……………………50
2　2次関数のグラフとx軸の位置関係 …………52
● 解と係数の関係 ……………………55
3　放物線と直線の位置関係 ………………56
2　2次関数のグラフと2次不等式 …………………60
1　2次不等式の解 ……………………60
● いくつかの不等式を同時に満たす実数の値の範囲 ………62
● 絶対値記号を含む不等式 ………………63
● 係数に文字を含む2次不等式 ……………64
2　絶対不等式 ……………………66
3　2次関数と2次方程式・2次不等式の応用 …………68
1　2次方程式の解の存在範囲 ………………68
2　2次関数と2次方程式・2次不等式のいろいろな問題 ……73
[研究]　ガウス記号を含む関数 ………………79

総合問題 ……………………82

[コラム]　放物線の定義 ……………………5
　　　　 下に凸とは？ ……………………9
　　　　 放物線の相似 ……………………18
　　　　 回転移動 ……………………27
　　　　 3次関数のグラフ ……………………59

索引 ……………………84

別冊　解答編

1章　2次関数 $y=ax^2$

1　2次関数 $y=ax^2$ のグラフ

　2つの変数 x, y があって，x の値が決まるとそれに対応して y の値がただ1つ決まるとき，**y は x の関数**であるという。y が x の関数であることを，$y=f(x)$ と表すことがある。また，x の関数を，単に関数 $f(x)$ と表す。

　関数 $y=5x^2$, $y=4x^2+3x$, $y=-x^2+2x-3$ などのように，y が x の2次式で表される関数を **2次関数** という。

> 一般に，2次関数は $y=ax^2+bx+c$ の形で表される。
> （ただし，a, b, c は定数で $a \neq 0$）

　この章では，2次関数のうちで，$b=c=0$ である $y=ax^2$ の形のものについて学習する。

例　次の2次関数のグラフをかいてみよう。
　　　① $y=x^2$　　② $y=2x^2$　　③ $y=-2x^2$

$x=-3, -2, -1, 0, 1, 2, 3$ に対応する①，②，③の y の値は，次の表のようになる。

x		-3	-2	-1	0	1	2	3
	①	9	4	1	0	1	4	9
y	②	18	8	2	0	2	8	18
	③	-18	-8	-2	0	-2	-8	-18

　表の値をもとにしてグラフをかくと，右の図のようななめらかな曲線となる。これを **放物線** という。放物線は線対称な図形であり，その対称軸を放物線の **軸** という。また，軸と放物線との交点を，その放物線の **頂点** という。3つのグラフは，すべて y 軸を軸とし，原点を頂点とする放物線である。放物線が上に開いていることを **下に凸**，下に開いていることを **上に凸** という。①，②はともに下に凸の放物線で，①は②よりグラフの開きが大きく，③は上に凸の放物線である。また，②と③のグラフは x 軸について対称である。

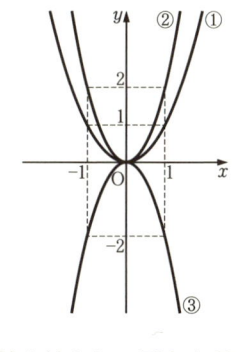

2次関数 $y=ax^2$ のグラフについて，次のような性質がある。

> **● 2次関数 $y=ax^2$ のグラフの性質**
> (1) y 軸を軸（対称軸）とする放物線である。
> (2) 頂点は原点 O である。
> (3) $a>0$ のとき　　　　　　　　　　$a<0$ のとき
> 　　グラフは x 軸より上方にあり，　　グラフは x 軸より下方にあり，
> 　　上に開いている。　　　　　　　　下に開いている。
> 　　放物線は下に凸である。　　　　　放物線は上に凸である。 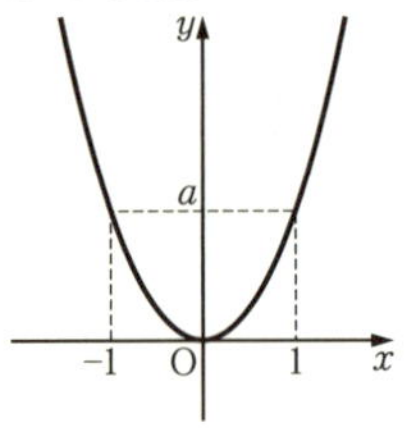 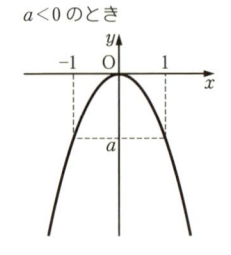
>
> (4) 2次関数 $y=ax^2$ と $y=-ax^2$ のグラフは，x 軸について対称である。
> (5) $|a|$ の値が大きくなるとグラフの開きが小さくなり，$|a|$ の値が小さくなるとグラフの開きが大きくなる。

注意 2次関数 $y=ax^2$ のグラフを，単に放物線 $y=ax^2$ ともいう。

例題1　2次関数のグラフをかく

次の2次関数のグラフをかけ。

(1) $y=\dfrac{3}{2}x^2$ 　　　　　　(2) $y=-\dfrac{1}{3}x^2$

解説 (1)のグラフは下に凸，(2)のグラフは上に凸の放物線で，どちらも原点 O を頂点とし，y 軸について対称である。グラフ上に適当な1点をとり，それを記入する。

解答 (1) $x=2$ を代入すると，$y=6$
　　　　グラフは，点 $(2, 6)$ を通る。

(2) $x=3$ を代入すると，$y=-3$
　　グラフは，点 $(3, -3)$ を通る。

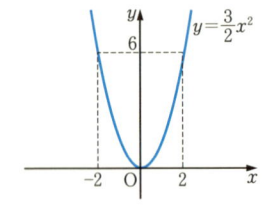

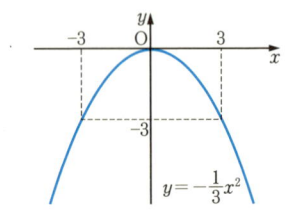

問1 次の2次関数のグラフをかけ。

(1) $y=\dfrac{1}{5}x^2$ (2) $y=-\dfrac{2}{3}x^2$ (3) $y=0.3x^2$

例題2 2次関数のグラフの性質

次の2次関数について，下の問いに答えよ。

(ア) $y=-3x^2$ (イ) $y=\sqrt{3}\,x^2$ (ウ) $y=\sqrt{2}\,x^2$

(エ) $y=\dfrac{3}{2}x^2$ (オ) $y=-\dfrac{6}{5}x^2$ (カ) $y=-\sqrt{3}\,x^2$

(1) グラフが x 軸の上方にないものはどれか。
(2) グラフが下に凸であるものはどれか。
(3) グラフが x 軸について対称であるものは，どれとどれか。
(4) グラフの開きが最も大きいものと最も小さいものはどれか。

[解説] $y=ax^2$ とするとき，x^2 の係数 a に着目する。
(1), (2)は a の値の正・負，(3)は $|a|$ の値と a の値の正・負，(4)は $|a|$ の値の大小について考える。

[解答] (1) x^2 の係数が負のものを選ぶ。
　　　　　ゆえに，(ア), (オ), (カ)

(2) x^2 の係数が正のものを選ぶ。
　　　ゆえに，(イ), (ウ), (エ)

(3) x^2 の係数の絶対値が等しく，正・負が異なるものを選ぶ。
　　　ゆえに，(イ)と(カ)

(4) x^2 の係数の絶対値を比較すると，
$$\left|-\dfrac{6}{5}\right|<|\sqrt{2}|<\left|\dfrac{3}{2}\right|<|-\sqrt{3}|=|\sqrt{3}|<|-3|$$

ゆえに，最も大きいものは(オ)，最も小さいものは(ア)

問2 次の2次関数について，下の問いに答えよ。

(ア) $y=\dfrac{3}{2}x^2$ (イ) $y=\dfrac{5}{3}x^2$ (ウ) $y=\sqrt{3}\,x^2$ (エ) $y=\dfrac{\pi}{2}x^2$

(オ) $y=-\dfrac{7}{4}x^2$ (カ) $y=-\dfrac{8}{5}x^2$ (キ) $y=\sqrt{2}\,x^2$

(1) グラフが点 $(2,-7)$ を通るものはどれか。
(2) (キ)のグラフと x 軸について対称な放物線の方程式を求めよ。
(3) $x=-1$ のとき，y の値が最も大きいものはどれか。
(4) グラフの開きが大きい順に並べよ。

2次関数 $y=ax^2$ は，x^2 の係数 a の値がわかれば，グラフをかくことができる。a の値は，対応する x と y の1組（$x=0$, $y=0$ を除く），または，グラフが通る原点以外の1点の座標を用いて求めることができる。

例題3　2次関数の決定①

2次関数 $y=ax^2$ について，次の条件を満たす a の値を求めよ。
(1) $x=2$ のとき $y=-12$ である。
(2) グラフが点 $(-10, 1)$ を通る。

|解説| 条件から得られる x, y の値を $y=ax^2$ に代入する。

|解答| (1) $y=ax^2$ に $x=2$, $y=-12$ を代入して，
$$-12=a\cdot 2^2 \qquad \text{ゆえに，} a=-3$$
(2) $y=ax^2$ に $x=-10$, $y=1$ を代入して，
$$1=a\cdot(-10)^2 \qquad \text{ゆえに，} a=\frac{1}{100}$$

|注意| $a\cdot 2^2$ の・は，積を表す記号である。

例題4　2次関数の決定②

放物線 $y=ax^2$ が点 $(-2, -2)$ を通る。
(1) この放物線の方程式を求めよ。
(2) この放物線が点 $(b, -6)$ を通るとき，b の値を求めよ。

|解説| (2) $y=ax^2$ のグラフは y 軸について対称であるから，$y=-6$ となる x の値は2つあることに注意する。

|解答| (1) $y=ax^2$ に $x=-2$, $y=-2$ を代入して，
$$-2=a\cdot(-2)^2 \qquad \text{よって，} a=-\frac{1}{2}$$
ゆえに，求める放物線の方程式は，$y=-\frac{1}{2}x^2$

(2) $y=-\frac{1}{2}x^2$ に $x=b$, $y=-6$ を代入して，
$$-6=-\frac{1}{2}\cdot b^2 \qquad \text{よって，} b^2=12 \qquad \text{ゆえに，} b=\pm 2\sqrt{3}$$

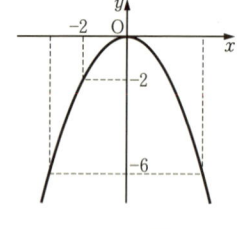

問3　2次関数 $y=ax^2$ のグラフが点 $(\sqrt{5}, -15)$ を通る。
(1) a の値を求めよ。
(2) この2次関数のグラフが点 $(-2\sqrt{5}, b)$ を通るとき，b の値を求めよ。

コラム 放物線の定義

放物線は,「定点 F と,F を通らない直線 ℓ からの距離が等しい点の集まり」と定義されます。このとき,点 F を放物線の焦点,直線 ℓ を放物線の準線といいます。

●放物線の方程式

$p>0$ のとき,点 $F(0, p)$ を焦点とし,$y=-p$ である直線 ℓ を準線とする放物線の方程式を求めてみましょう。

点 F と直線 ℓ からの距離が等しい点を $P(x, y)$ とします。点 P から直線 ℓ に垂直な直線を引き,ℓ との交点を H とすると,PF=PH

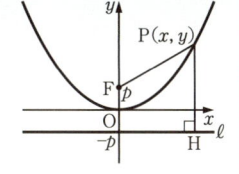

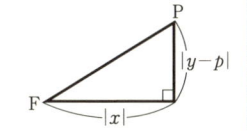

右の図で,三平方の定理より,
$$PF^2=|x|^2+|y-p|^2=x^2+(y-p)^2$$
また,$PH^2=|y-(-p)|^2=|y+p|^2=(y+p)^2$
$PF^2=PH^2$ より,$x^2+(y-p)^2=(y+p)^2$

よって,$x^2=4py$ $p>0$ より,$y=\dfrac{1}{4p}x^2$

このとき,$\dfrac{1}{4p}=a$ とおくと,$y=ax^2$ となります。

(例) $F(0, 1)$ を焦点とし,直線 $y=-1$ を準線とする放物線の方程式は,

$p=1$ を $y=\dfrac{1}{4p}x^2$ に代入して,$y=\dfrac{1}{4}x^2$

●放物線の性質

放物線の形をした鏡に,準線に垂直な角度で光を当ててみると,光は入った角度と同じ角度で出ていきます。つまり,放物線の接線に対して,光は接点で入った角度と同じ角度で出ていきます。(接線,接点については,p.15 を参照。) このとき,すべての光は同じ点に集まり,これが焦点です。

電波も光と同じように反射します。この性質を利用したのがパラボラアンテナで,「パラボラ」とは「放物線」のことです。放物線の形をしたアンテナの面に当たった電波は,すべて焦点に集まるので,そこに電波を受信する機器等を置いています。

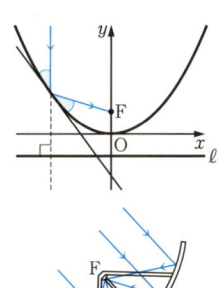

パラボラアンテナ

2 2次関数 $y=ax^2$ の値の変化

● 2乗に比例する関数 $y=ax^2$

たとえば，2次関数 $y=2x^2$ について，$x=1, 2, 3, \cdots$ に対する x^2，y の値を求めると，右の表のようになる。

x	1	2	3	4	5	6	7	$\cdots$
x^2	1	4	9	16	25	36	49	$\cdots$
y	2	8	18	32	50	72	98	$\cdots$

（9倍、36倍の対応関係が示されている）

この表で，x^2 の値と y の値を対応させてみると，y は x^2 に比例している。

一般に，y が x の関数で，$y=ax^2$ $(a \neq 0)$ と表されるとき，**y は x の 2 乗に比例する**という。このとき，a を**比例定数**という。

例題5　2乗に比例する数①

y は x の 2 乗に比例し，$x=3$ のとき $y=-81$ である。このとき，y を x の式で表せ。

解説　y が x の 2 乗に比例するとき，$y=ax^2$ $(a \neq 0)$ の形に表される。

解答　y は x の 2 乗に比例するから，$y=ax^2$ $(a \neq 0)$ と表すことができる。

$x=3$ のとき $y=-81$ であるから，
$$-81 = a \cdot 3^2$$
よって，　$a=-9$

ゆえに，　$y=-9x^2$

問 4　y は x^2 に比例し，$x=4$ のとき $y=8$ である。
(1) y を x の式で表せ。
(2) $x=-3$ のときの y の値を求めよ。
(3) $y=5$ のときの x の値を求めよ。

例題6 ★　2乗に比例する数②

y は x^2 に比例する数と x に比例する数の和で，$x=-1$ のとき $y=3$，$x=1$ のとき $y=1$ である。y を x の式で表せ。

解説　x^2 に比例する部分の比例定数を a，x に比例する部分の比例定数を b とすると，$y=ax^2+bx$ $(a \neq 0, b \neq 0)$ と表される。このとき，2つの比例定数は，a と b のように異なる文字を使う。

解答　y は x^2 に比例する数と x に比例する数の和であるから，
$$y=ax^2+bx \quad (a\neq 0, \ b\neq 0) \quad \text{と表すことができる。}$$
$x=-1$ のとき $y=3$ であるから，
$$3=a\cdot(-1)^2+b\cdot(-1) \qquad 3=a-b \quad \cdots\cdots \text{①}$$
$x=1$ のとき $y=1$ であるから，
$$1=a\cdot 1^2+b\cdot 1 \qquad 1=a+b \quad \cdots\cdots \text{②}$$
①，②より，$a=2, \ b=-1$
ゆえに，　　$y=2x^2-x$

問 5 ★ 次の問いに答えよ。
(1) y は $x+1$ の 2 乗に比例し，$x=-2$ のとき $y=3$ である。$x=-4$ のときの y の値を求めよ。
(2) y は x^2 に比例する数と $2x-3$ に比例する数の和で，$x=1$ のとき $y=5$，$x=3$ のとき $y=21$ である。y を x の式で表せ。

● 変化の割合

y が x の関数で，x の値 x_1，x_2 に対応する y の値をそれぞれ y_1，y_2 とするとき，
$$\frac{(y \text{の増加量})}{(x \text{の増加量})}=\frac{y_2-y_1}{x_2-x_1}$$
を，x の値が x_1 から x_2 まで増加するときの**変化の割合**という。

　例　2 次関数 $y=2x^2$ について，
　　　x の値が 1 から 5 まで増加するときの
　　　変化の割合は，$\dfrac{50-2}{5-1}=\dfrac{48}{4}=12$

$$\boxed{(\text{変化の割合})=\frac{(y\text{の増加量})}{(x\text{の増加量})}}$$

　2 次関数 $y=ax^2$ のグラフ上に 2 点 A$(x_1, \ y_1)$，B$(x_2, \ y_2)$ があるとき，x の値が x_1 から x_2 まで増加するときの変化の割合は，$x_1\neq x_2$ であるとき，
$$\frac{y_2-y_1}{x_2-x_1}=\frac{ax_2{}^2-ax_1{}^2}{x_2-x_1}=\frac{a(x_2+x_1)(x_2-x_1)}{x_2-x_1}$$
$$=a(x_2+x_1)$$

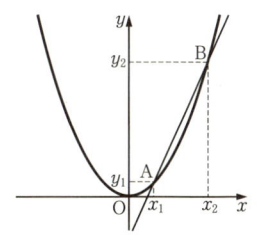

すなわち，(**変化の割合**)$=a(x_1+x_2)$ と表される。
　また，変化の割合は，2 点 A，B を通る直線の傾きと一致する。

　例　2 次関数 $y=-3x^2$ について，
　　　x の値が -1 から 4 まで増加するときの
　　　変化の割合は，$-3(-1+4)=-3\cdot 3=-9$

$$\boxed{(\text{変化の割合})=a(x_1+x_2)}$$

一般に，1次関数 $y=ax+b$ では，変化の割合は一定で，そのグラフの傾き a と等しい。2次関数 $y=ax^2$ では，変化の割合は一定ではない。

例題7　変化の割合

次の問いに答えよ。

(1) 2次関数 $y=4x^2$ について，x の値が，(i) $x=1$ から $x=3$ まで，(ii) $x=-3$ から $x=0$ まで，(iii) $x=-2$ から $x=2$ まで増加するときの変化の割合をそれぞれ求めよ。

(2) 2つの関数 $y=ax^2$ と $y=-12x+1$ について，x の値が -4 から -1 まで増加するとき，それぞれの変化の割合が等しい。このとき，a の値を求めよ。

|解説| $\dfrac{(y \text{の増加量})}{(x \text{の増加量})}$ を変化の割合という。2次関数 $y=ax^2$ で，x の値が x_1 から x_2 まで増加するときの変化の割合は，$a(x_1+x_2)$ であることを利用してもよい。

|解答| (1) $y=4x^2$ について，

(i) $\dfrac{4\cdot 3^2 - 4\cdot 1^2}{3-1} = \dfrac{32}{2} = 16$

(ii) $\dfrac{4\cdot 0^2 - 4\cdot(-3)^2}{0-(-3)} = \dfrac{-36}{3} = -12$

(iii) $\dfrac{4\cdot 2^2 - 4\cdot(-2)^2}{2-(-2)} = \dfrac{0}{4} = 0$

(2) $y=ax^2$ について，

$x=-4$ から $x=-1$ まで増加するときの変化の割合は，

$$\dfrac{a\cdot(-1)^2 - a\cdot(-4)^2}{-1-(-4)} = \dfrac{-15a}{3} = -5a$$

$y=-12x+1$ の変化の割合は，つねに -12 であるから，$-5a=-12$

ゆえに，$a=\dfrac{12}{5}$

> (変化の割合)$=a(x_1+x_2)$ を利用すると，
> (1) (i) $4(1+3)=16$
>   (ii) $4(-3+0)=-12$
>   (iii) $4(-2+2)=0$
> (2) $a\{-4+(-1)\}=-5a$
>   よって，$-5a=-12$
>   ゆえに，$a=\dfrac{12}{5}$

問6 2次関数 $y=ax^2$ について，x の値が -7 から -1 まで増加するときの変化の割合が 64 である。このとき，a の値を求めよ。

問7 2次関数 $y=-\dfrac{1}{3}x^2$ について，x の値が -3 から -1 まで増加するときの変化の割合と，2次関数 $y=ax^2$ について，x の値が 2 から 5 まで増加するときの変化の割合が等しいとき，a の値を求めよ。

コラム 下に凸とは？

放物線 $y=ax^2$ ($a>0$) は，なめらかな曲線で下に凸であると表現されることがあります。グラフの形から，下に凸，上に凸という言葉はなんとなく理解できますが，「下に凸」の意味についてはふれていません。ここでは，「下に凸」の意味を簡単な表現で紹介します。

●下に凸である

関数 $y=f(x)$ のグラフ上にかってな2点P，Qをとります。右の図のように，曲線 PQ がつねに線分 PQ より下方にあるならば，
曲線 $y=f(x)$ は下に凸であるといいます。

放物線 $y=ax^2$ ($a>0$) が下に凸であることを確認してみましょう。

$y=ax^2$ 上のかってな2点を $P(p, ap^2)$，$Q(q, aq^2)$（ただし，$p<q$）とすると，直線 PQ の傾きは $a(p+q)$ となり，線分 PQ の式は，
$y=a(p+q)x-apq$ ($p \leqq x \leqq q$) と表されます。
$x=t$ ($p<t<q$) として，2点 $T(t, at^2)$，$T'(t, a(p+q)t-apq)$ の y 座標の大小を比較すると， $at^2 - \{a(p+q)t-apq\}$
$= a\{t^2-(p+q)t+pq\} = a(t-p)(t-q)$
$p<t<q$ より，$t-p>0$，$t-q<0$ また，$a>0$
よって，$a(t-p)(t-q)<0$ であるから，
$at^2 < a(p+q)t-apq$ ……(*) となります。
ゆえに，$y=ax^2$ のグラフは，点 P，Q の間で線分 PQ より下方にあります。
すなわち，放物線 $y=ax^2$ ($a>0$) は下に凸であることがわかります。

(参考) $f(x)=ax^2$, $g(x)=a(p+q)x-apq$ において，
PT′:T′Q$=(1-s):s$ として点 T′ の座標を考えると，
x 座標は，$(t-p):(q-t)=(1-s):s$ より，
$\quad t=sp+(1-s)q$
y 座標は，$(g(t)-f(p)):(f(q)-g(t))$
$\qquad\qquad\qquad =(1-s):s$ より，
$\quad g(t)=sf(p)+(1-s)f(q)$
ゆえに，(*)の不等式は，$f(t)<g(t)$ より，
$f(sp+(1-s)q)<sf(p)+(1-s)f(q)$ と表されます。

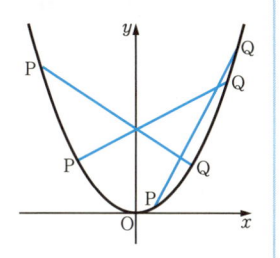

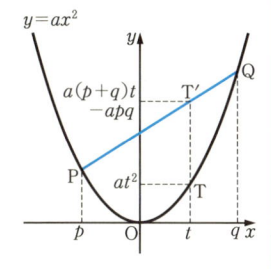

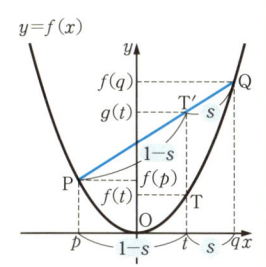

3　2次関数 $y=ax^2$ の最大・最小

変数のとりうる値の範囲を，その変数の**変域**という。y が x の関数であるとき，x の変域のことを**定義域**，y の変域のことを**値域**という。

また，有理数（2, $\dfrac{1}{3}$, -0.8 など）と無理数（$\sqrt{2}$, $-\sqrt{3}$, π など）を合わせて**実数**という。実数と数直線上の点は，1対1に対応する。

実数 $\begin{cases} 有理数 \\ 無理数 \end{cases}$

たとえば，2次関数 $y=x^2$ の定義域はすべての実数で，値域は $y \geqq 0$ である。

関数 $y=f(x)$ において，その値域に最大の値，最小の値があるとき，これらをそれぞれこの関数の**最大値**，**最小値**という。

ここでは，2次関数 $y=ax^2$ の値の変化を考え，その最大値，最小値について調べてみよう。

例　2次関数 $y=-\dfrac{2}{3}x^2$ について，

定義域をすべての実数とすると，値域は $y \leqq 0$ である。

また，x の値が増加すると，y の値は，
$x<0$ の範囲で増加し，$x>0$ の範囲で減少する。
$x=0$ のとき，最大値 0 をとり，最小値はない。

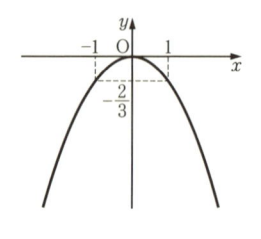

◯2次関数 $y=ax^2$ の値の変化

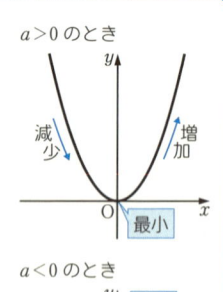

2次関数 $y=ax^2$ の定義域をすべての実数とすると，

(1)　$a>0$ のとき

　x の値が増加すると，
　　$x<0$ の範囲で，y の値は減少し，
　　$x>0$ の範囲で，y の値は増加する。
　$x=0$ のとき，最小値 0 をとり，最大値はない。
　値域は，$y \geqq 0$

(2)　$a<0$ のとき

　x の値が増加すると，
　　$x<0$ の範囲で，y の値は増加し，
　　$x>0$ の範囲で，y の値は減少する。
　$x=0$ のとき，最大値 0 をとり，最小値はない。
　値域は，$y \leqq 0$

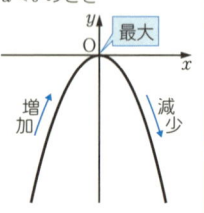

$a>0$ である 2 次関数 $y=ax^2$ について,定義域が
 (i) $x≧p$ (ii) $x≦p$ (iii) $p≦x≦q$
のときの値域および最大値,最小値は,次のようにまとめられる。

定義域	(i) $x≧p$		(ii) $x≦p$	
	$p≦0$	$p>0$	$p≦0$	$p>0$
グラフ				
値域	$y≧0$	$y≧ap^2$	$y≧ap^2$	$y≧0$
最大値	なし	なし	なし	なし
最小値	0 ($x=0$ のとき)	ap^2 ($x=p$ のとき)	ap^2 ($x=p$ のとき)	0 ($x=0$ のとき)

定義域	(iii) $p≦x≦q$			
	$p<q≦0$	$0≦p<q$	$p<0<q, |p|<|q|$	$p<0<q, |p|>|q|$
グラフ				
値域	$aq^2≦y≦ap^2$	$ap^2≦y≦aq^2$	$0≦y≦aq^2$	$0≦y≦ap^2$
最大値	ap^2 ($x=p$ のとき)	aq^2 ($x=q$ のとき)	aq^2 ($x=q$ のとき)	ap^2 ($x=p$ のとき)
最小値	aq^2 ($x=q$ のとき)	ap^2 ($x=p$ のとき)	0 ($x=0$ のとき)	0 ($x=0$ のとき)

参考 $a<0$ である 2 次関数 $y=ax^2$ の最大値,最小値についても,上の表を参考にして考えることができる。

たとえば,定義域が $p≦x≦q$ $(p<q≦0)$ のとき,
値域は $ap^2≦y≦aq^2$ であり,
 最大値は,aq^2 ($x=q$ のとき)
 最小値は,ap^2 ($x=p$ のとき)
である。

これを,$a>0$ である 2 次関数 $y=ax^2$ の場合と比較すると,ap^2 と aq^2 が入れかわった形になる。

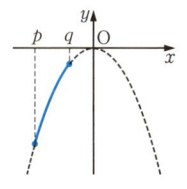

例題8 定義域が限られたときの2次関数 $y=ax^2$ の値域，最大・最小

次の2次関数について，定義域が（ ）の中に示された範囲であるとき，値域を求めよ。また，その2次関数の最大値，最小値を求めよ。

(1) $y=\dfrac{1}{4}x^2$ $(-4\leq x\leq -2)$ (2) $y=-\dfrac{1}{9}x^2$ $(-6\leq x\leq 3)$

解説 それぞれのグラフをかいて調べる。

最大値，最小値については，定義域に 0 が含まれる場合は頂点がグラフに含まれるので，とくに注意すること。

解答 (1) 定義域が $-4\leq x\leq -2$ のとき，
グラフは右の図のようになる。
ゆえに，値域 $1\leq y\leq 4$
　　　　最大値 4 $(x=-4$ のとき$)$
　　　　最小値 1 $(x=-2$ のとき$)$

(2) 定義域が $-6\leq x\leq 3$ のとき，
グラフは右の図のようになる。
ゆえに，値域 $-4\leq y\leq 0$
　　　　最大値 0 $(x=0$ のとき$)$
　　　　最小値 -4 $(x=-6$ のとき$)$

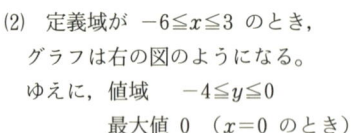

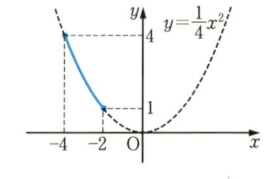

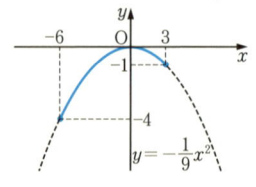

注意 関数の最大値，最小値を求めるときは，そのときの x の値も書くこと。

問8 2次関数 $y=-\dfrac{1}{2}x^2$ について，定義域が次の不等式で表されるとき，値域を求めよ。

(1) $x\leq -2$　　　　　　　　(2) $-2\leq x\leq 3$

(3) $x\leq \dfrac{9}{2}$　　　　　　　　(4) $2\leq x\leq 6$

(5) $-3<x<-2$　　　　　　(6) $-\dfrac{9}{2}<x\leq 0$

問9 次の2次関数について，定義域が（ ）の中に示された範囲であるとき，値域を求めよ。また，その2次関数の最大値，最小値を調べよ。

(1) $y=2x^2$ $(-3\leq x\leq -1)$　　(2) $y=\dfrac{1}{2}x^2$ $(-3\leq x\leq 3)$

(3) $y=-5x^2$ $(-2\leq x\leq 3)$　　(4) $y=-\dfrac{3}{2}x^2$ $(x\leq 1)$

例題9　定義域と値域

2次関数 $y=-2x^2$ について，定義域が $-1 \leq x \leq a$ のとき，値域は $-\dfrac{9}{2} \leq y \leq b$ である。このとき，a，b の値を求めよ。

解説　a の値によって分類すると，次の3つの場合がある。問題に合うのは，このうちのどの場合であるかを考える。

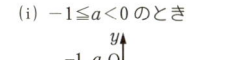

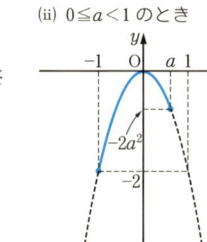

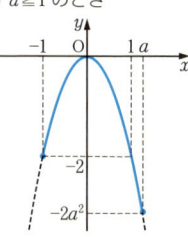

(i) $-1 \leq a < 0$ のとき　　(ii) $0 \leq a < 1$ のとき　　(iii) $a \geq 1$ のとき

解答　$x=-1$ のとき $y=-2$ である。

値域が $-\dfrac{9}{2} \leq y \leq b$ であるから，$a \geq 1$ となり，グラフは右の図のようになる。

$x=a$ のとき $y=-2a^2$ であるから，$-2a^2 = -\dfrac{9}{2}$

よって，　$a^2 = \dfrac{9}{4}$

$a \geq 1$ より，$a = \dfrac{3}{2}$

$-1 \leq x \leq \dfrac{3}{2}$ のとき $-\dfrac{9}{2} \leq y \leq 0$ であるから，$b=0$

ゆえに，　$a = \dfrac{3}{2}$，$b=0$

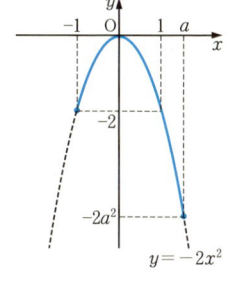

問10　次の問いに答えよ。

(1) 2次関数 $y=x^2$ について，定義域が $-3 \leq x \leq a$ のとき，値域は $\dfrac{9}{2} \leq y \leq 9$ である。このとき，a の値を求めよ。

(2) 2次関数 $y=ax^2$ について，定義域が $-4 \leq x \leq 2$ のとき，値域は $b \leq y \leq 8$ である。このとき，a，b の値を求めよ。

演習問題

1 右の図のように，2つの放物線 $y=\dfrac{1}{4}x^2$ と $y=ax^2$ があり，点 $(2, -2)$ は放物線 $y=ax^2$ 上にある。また，四角形 ABCD は各辺が x 軸，y 軸と平行な長方形で，4つの頂点は2つの放物線上にある。
(1) a の値を求めよ。
(2) AB＝2AD となるとき，点 A の座標を求めよ。
(3) 四角形 ABCD が正方形になるとき，点 A の座標を求めよ。

2* y は x^2 に比例する数と x に反比例する数の和で，$x=1$ のとき $y=2$，$x=2$ のとき $y=15$ である。y を x の式で表せ。

3 2次関数 $y=ax^2$ について，x の値が a から $a+2$ まで増加するとき，変化の割合が 24 である。このとき，a の値を求めよ。

4 2つの関数 $y=ax^2$ と $y=-\dfrac{2}{x}$ について，x の値が -4 から -1 まで増加するとき，それぞれの変化の割合が等しい。このとき，a の値を求めよ。

5* 2つの関数 $y=ax^2$ と $y=2x+b$ について，定義域が $-2 \leqq x \leqq 1$ のとき，それぞれの値域が等しい。このとき，a，b の値を求めよ。

6 2次関数 $y=ax^2$ について，定義域が $-3 \leqq x \leqq 2$ のとき，最小値は -18 である。
(1) a の値を求めよ。
(2) 定義域が $1 \leqq x \leqq 4$ のとき，y の最大値，最小値を求めよ。

7* 右の図のように，放物線 $y=ax^2$ $(a>0)$ と点 $A(0, 3)$ がある。x 軸について点 A と対称な点を B とし，B を通り，x 軸に平行な直線を ℓ とする。点 P は $y=ax^2$ 上を動き，P から直線 ℓ に引いた垂線と ℓ との交点を H とすると，つねに AP＝PH である。このとき，a の値を求めよ。

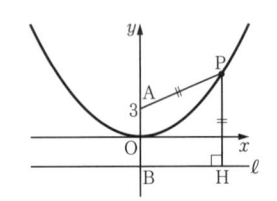

4 2次関数 $y=ax^2$ の応用

放物線と直線の共有点

放物線と直線の位置関係を調べると，下の図のような3つの場合がある。

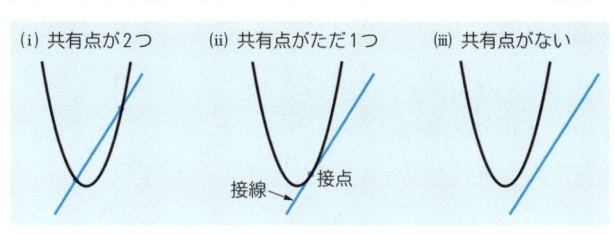

(i) 共有点が2つ　　(ii) 共有点がただ1つ　　(iii) 共有点がない

接線　接点

共有点がただ1つの場合，放物線と直線は**接する**といい，そのときの直線を放物線の**接線**，共有点を**接点**という。

放物線 $y=ax^2$ ……① と直線 $y=bx+c$ ……② が共有点をもつとき，共有点の座標を (x, y) とすると，x，y は①と②をともに満たす。

よって，x，y は連立方程式 $\begin{cases} y=ax^2 \\ y=bx+c \end{cases}$ の解である。

したがって，2次方程式 $ax^2=bx+c$ すなわち $ax^2-bx-c=0$ を解けば，共有点の x 座標を求めることができる。

例題10　放物線と直線の共有点

放物線 $y=4x^2$ ……① と次の直線の共有点の座標を求めよ。

(1) $y=2x+12$ ……②　　(2) $y=-4x-1$ ……③

解答　(1) ①，②から y を消去する。

$4x^2=2x+12$ より，$2x^2-x-6=0$

$(2x+3)(x-2)=0$

よって，$x=-\dfrac{3}{2}$，2

$x=-\dfrac{3}{2}$ のとき，$y=9$

$x=2$ のとき，$y=16$

ゆえに，$\left(-\dfrac{3}{2},\ 9\right)$，$(2,\ 16)$

(2) ①，③から y を消去する。

$4x^2=-4x-1$ より，$4x^2+4x+1=0$

$(2x+1)^2=0$

よって，$x=-\dfrac{1}{2}$

このとき，$y=1$

ゆえに，$\left(-\dfrac{1}{2},\ 1\right)$

問11　次の放物線と直線の共有点の座標を求めよ。

(1) $y=9x^2$，$y=12x-4$　　(2) $y=2x^2$，$y=5x+12$

放物線と図形の応用

放物線や直線の問題の中には，座標平面上の三角形や四角形などの図形を題材としたものがある。ここでは，それらの面積や辺の長さを求めるときに，利用することが多いことがらをまとめておこう。

(1) 線分 AB の中点 M

> 2点 $A(x_1, y_1)$, $B(x_2, y_2)$ のとき,
> 線分 AB の中点 M の座標は,
> $$M\left(\frac{x_1+x_2}{2}, \frac{y_1+y_2}{2}\right)$$

右の図で，M の x 座標は，

$$OM' = OA' + A'M' = x_1 + \frac{x_2-x_1}{2} = \frac{x_1+x_2}{2}$$

y 座標についても，同様に，$OM'' = OB'' + B''M''$ を考える。

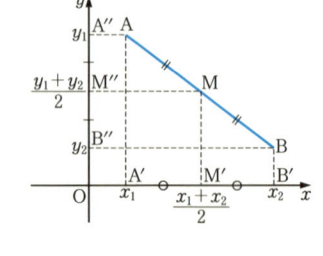

(2) 2点 A，B 間の距離

> 2点 $A(x_1, y_1)$, $B(x_2, y_2)$ のとき,
> 2点間の距離 AB は,
> $$AB = \sqrt{(x_2-x_1)^2 + (y_2-y_1)^2}$$

右の図のように，頂点 C をとると，

$$AC = A''B'' = |y_2-y_1|, \quad BC = B'A' = |x_2-x_1|$$

△ABC で，∠C＝90°であるから，

三平方の定理より，$AB^2 = BC^2 + AC^2$

$AB > 0$ より，$AB = \sqrt{BC^2 + AC^2} = \sqrt{|x_2-x_1|^2 + |y_2-y_1|^2}$
$\qquad\qquad\qquad = \sqrt{(x_2-x_1)^2 + (y_2-y_1)^2}$

問12 放物線 $y = -x^2$ と直線 $y = -5x+6$ が2点 A，B で交わっている。このとき，線分 AB の中点 M の座標と線分 AB の長さを求めよ。

(3) 等積な三角形

> 底辺を共有する △ABC と △A'BC について,
> 頂点 A，A' が直線 BC について同じ側にあるとき,
> ① AA' // BC ならば △ABC ＝ △A'BC
> ② △ABC ＝ △A'BC ならば AA' // BC

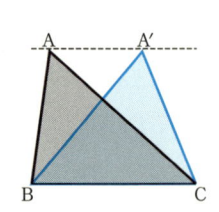

例題11　放物線と三角形の面積

右の図のように，放物線 $y=x^2$ ……① と直線 $y=-x+2$ ……② が2点 A, B で交わっている。

(1) C は①上の点で，点 A と点 B の間にあり，$\triangle ABO = \triangle ABC$ を満たす。点 C の座標を求めよ。

(2) 点 O を通り，$\triangle ABO$ の面積を2等分する直線の方程式を求めよ。

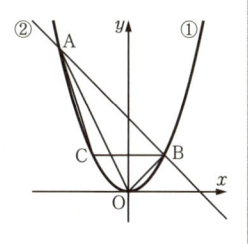

解説　(1) $\triangle ABO = \triangle ABC$ ならば CO∥AB が成り立つ。また，2直線 $y=ax+b$ と $y=a'x+b'$ が平行であるとき，$a=a'$ となる（傾きが等しい）。

(2) 線分 AB の中点を M とすると，直線 OM は $\triangle ABO$ の面積を2等分する。

解答　(1) ②の傾きは -1 で，CO∥AB であるから，直線 OC の式は，$y=-x$ ……③

①，③の共有点は，$x^2=-x$ より，$x^2+x=0$
$$x(x+1)=0 \qquad よって，x=0, -1$$
点 C の x 座標，$x \neq 0$ より $x=-1$　　y 座標，$y=1$
ゆえに，C$(-1, 1)$

(2) ①，②の共有点は，$x^2=-x+2$ より，$x^2+x-2=0$
$$(x+2)(x-1)=0 \qquad よって，x=-2, 1$$
$x=-2$ のとき，$y=4$　　$x=1$ のとき，$y=1$
ゆえに，A$(-2, 4)$, B$(1, 1)$ 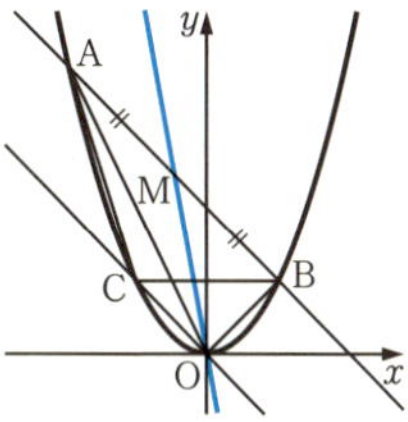
線分 AB の中点を M とすると，$\triangle OAM = \triangle OBM$
よって，2点 O, M を通る直線が求める直線である。
点 M の x 座標は，$\dfrac{-2+1}{2}=-\dfrac{1}{2}$　　y 座標は，$\dfrac{4+1}{2}=\dfrac{5}{2}$
よって，直線 OM の傾きは -5 である。
ゆえに，直線 OM の方程式は，$y=-5x$

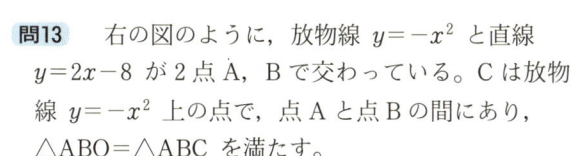

問13　右の図のように，放物線 $y=-x^2$ と直線 $y=2x-8$ が2点 A, B で交わっている。C は放物線 $y=-x^2$ 上の点で，点 A と点 B の間にあり，$\triangle ABO = \triangle ABC$ を満たす。

(1) 点 A, B の座標を求めよ。

(2) $\triangle ABO$ の面積を求めよ。

(3) 点 C の座標を求めよ。

(4) 点 A を通り，$\triangle ABC$ の面積を2等分する直線の方程式を求めよ。

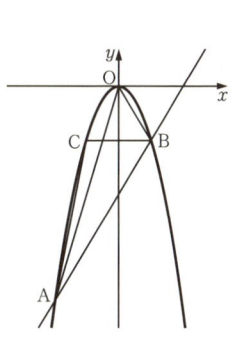

コラム 放物線の相似

たとえば，半径1cmの円を2倍に拡大すると半径2cmの円になることから，すべての円が互いに相似であることは感覚的に理解できます。放物線についても「すべての放物線は互いに相似」です。このことを，相似の位置という考え方で説明してみましょう。

● **相似の位置**

右の図のように，図形 F 上の点 P と図形 F′ 上の適当な点 P′ とを結ぶ直線が，つねに定点 O を通り，OP：OP′ が一定であるとき，図形 F と F′ は相似の位置にあるといい，点 O を相似の中心といいます。

移動によって相似の位置におくことができる2つの図形は相似であるといいます。

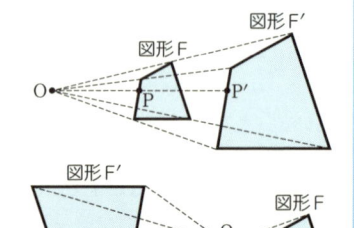

● **放物線の相似**

2つの放物線 $y=x^2$ と $y=ax^2$ $(a>0)$ があります。
$y=ax^2$ 上に原点 O と異なる点 $A(p, ap^2)$ $(p>0)$ をとると，直線 OA の方程式は，$y=apx$ となります。
直線 OA と $y=x^2$ との O 以外の交点を A′ とすると，$x^2=apx$ であるから，
$$x(x-ap)=0$$
$x \neq 0$ より，$x=ap$
よって，点 A′ の x 座標は ap となります。
右の図のように，点 A，A′ から x 軸にそれぞれ垂線 AH，A′H′ を引くと，
△OAH∽△OA′H′ より，
$$OA:OA'=OH:OH'=p:ap$$
$p>0$ より，OA：OA′＝1：a　（一定）
このことは，すべての p の値で成り立ちます。
ゆえに，放物線 $y=x^2$ と $y=ax^2$ は，原点 O を相似の中心として相似の位置にあるから，相似です。

したがって，「すべての放物線は互いに相似である」といえます。

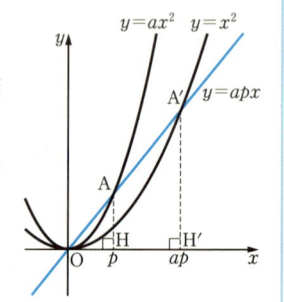

演習問題

8 次の問いに答えよ。
(1) 放物線 $y=ax^2$ と直線 $y=2x+b$ が2点 A, B で交わっている。2点 A, B の x 座標がそれぞれ -5, 7 であるとき, a, b の値を求めよ。
(2) 放物線 $y=ax^2$ と2直線 $y=2x+3$, $y=\dfrac{1}{2}x+\dfrac{9}{4}$ が1点で交わるように, a の値を定めよ。

9 次の問いに答えよ。
(1) 放物線 $y=ax^2$ 上に2点 A, B がある。2点 A, B の x 座標がそれぞれ -2, 1 で, 線分 AB の長さが $3\sqrt{10}$ であるとき, a の値を求めよ。
(2) 2次方程式 $x^2-15x+50=0$ の解は, 放物線 $y=ax^2$ と直線 $y=bx-10$ の交点の x 座標と等しい。このとき, a, b の値を求め, 放物線と直線との交点の座標を求めよ。

10 右の図のように, 2次関数 $y=ax^2$ のグラフが A(3, 1), B(3, 9) とする線分 AB と交わっている。(ただし, 線分には点 A, B を含むものとする。)
(1) a の値の範囲を求めよ。
(2) 点 P(5, b) が $y=ax^2$ のグラフ上にあるとき, b を a の式で表せ。また, b のとる値のうちで最も小さい整数の値を求めよ。

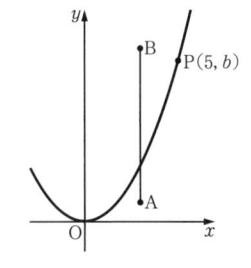

11 * 放物線 $y=ax^2$ ($a<0$) 上に, 異なる2点 A(b, c), B(4, -8) がある。2点 A, B を結ぶ直線を ℓ とする。
(1) a の値を求めよ。
(2) $b=-2$ のとき, 直線 ℓ の方程式を求めよ。
(3) 直線 ℓ の傾きが 6 のとき, b, c の値を求めよ。
(4) 直線 ℓ と x 軸との交点を C とする。点 B が線分 AC の中点となるとき, b, c の値を求めよ。ただし, $b>0$ とする。

12 * 右の図のように，放物線 $y=ax^2$ 上にある点 A，B，C と y 軸上の点 D を頂点とする平行四辺形 ABCD があり，辺 AD は x 軸に平行である。点 A の座標を $(4, 4)$ として，次の問いに答えよ。 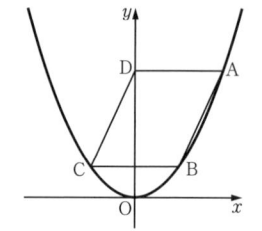
(1) a の値を求めよ。
(2) 点 C の座標を求めよ。
(3) 平行四辺形 ABCD の面積を求めよ。

13 * 右の図のように，点 $A(-2, 2)$ は，放物線 $y=ax^2$ 上にある。また，この放物線の $x>0$ の部分に点 B をとり，直線 AB と y 軸との交点を C とする。△OAC と △OBC の面積の比が $2:3$ となるとき，次の問いに答えよ。 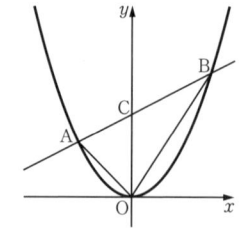
(1) a の値を求めよ。
(2) 点 B の座標を求めよ。
(3) 直線 AB の方程式を求めよ。
(4) D は放物線 $y=ax^2$ 上の O と異なる点で，△OAB＝△DAB を満たす。このとき，点 D の座標を求めよ。

14 * 図 1 のような台形 ABCD がある。点 P は頂点 A を出発し，B を通り C まで，台形の辺上を一定の速さで進む。点 P から辺 AD に引いた垂線で台形を 2 つの図形に分ける。点 P が頂点 A を出発してから x 秒後の 2 つの図形のうち，その面積が台形 ABCD の面積の半分以下になる方の図形の面積を $y\,\text{cm}^2$ とする。ただし，点 P が頂点 A，C にあるときは $y=0$ とする。また，$x=7$ のとき $y=48$ である。
(1) 点 P の進む速さは毎秒何 cm か。
(2) x と y の関係を表すグラフを図 2 にかけ。
(3) $y=18$ となる x の値を求めよ。

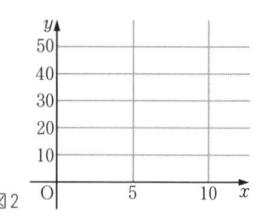

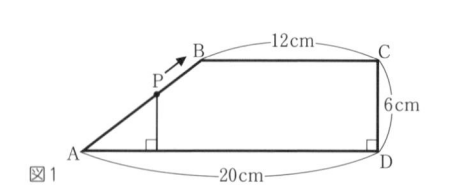

総合問題

1 ★ 右の図のように，点 A，B は放物線 $y=ax^2$ 上に，点 C，D は放物線 $y=-ax^2$ 上にあり，四角形 ABCD は平行四辺形である。また，P は放物線 $y=ax^2$ 上の点で，原点 O と点 B の間にある。点 A，B，C の x 座標がそれぞれ -2，4，2 で，直線 AB の傾きは 1 である。

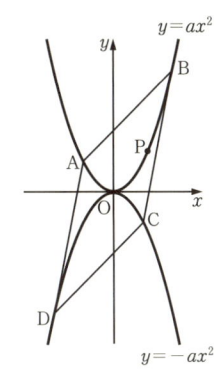

(1) a の値を求めよ。
(2) 平行四辺形 ABCD の面積を求めよ。
(3) △APC の面積が平行四辺形 ABCD の面積の $\dfrac{1}{8}$ となるとき，点 P の x 座標を求めよ。

2 ★★ 右の図の放物線 $y=ax^2$ 上の点 A，B，C の x 座標はそれぞれ 3，-4，-2 であり，直線 AC の傾きは直線 AB の傾きより 4 だけ大きい。また，直線 AB，AC 上にそれぞれ点 P，Q を，△ABC＝△APQ となるようにとる。

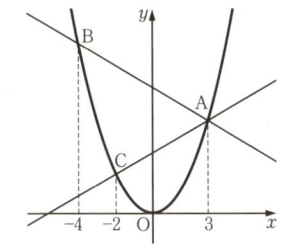

(1) a の値を求めよ。
(2) 点 Q が x 軸上にあるとき，点 P の x 座標を求めよ。
(3) 点 P，Q が直線 $y=b$ 上にあるとき，b の値を求めよ。

3 ★★ 放物線 $y=ax^2$（$a>0$）上に 4 点 A，B，C，D があり，A と B，C と D はそれぞれ y 軸について対称である。点 A，C の x 座標をそれぞれ $-p$，$p+1$（$p>0$）とする。

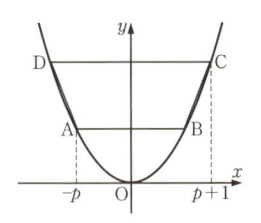

(1) ∠CAB＝45° のとき，次の問いに答えよ。
  (ⅰ) a の値を求めよ。
  (ⅱ) ∠ABC＝120° のとき，p の値と四角形 ABCD の面積を求めよ。
(2) 点 A を通り四角形 ABCD の面積を 2 等分する直線と，辺 CD との交点を E とする。AB：DE＝6：7 のとき，次の問いに答えよ。
  (ⅰ) p の値を求めよ。
  (ⅱ) △AOE の面積が 15 のとき，a の値を求めよ。

4 ★ 放物線 $y=ax^2$（$a>0$）上に2点A，Bがあり，その x 座標はそれぞれ $2p$，$-p$（$p>0$）である。直線ABと x 軸との交点をCとし，点Bと y 軸について対称な点をDとする。 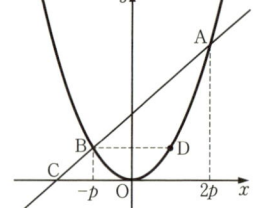
(1) 点Cの x 座標を p を使って表せ。
(2) △ABDと△ACOの面積の比を求めよ。
(3) y 軸上に点E(0, 12)をとる。直線ABが線分DEの垂直二等分線となるとき，a，p の値をそれぞれ求めよ。

5 ★ 右の図のように，2つの放物線 $y=ax^2$，$y=bx^2$ が2直線 $x=-1$，$x=3$ と交わる点をA，B，C，Dとする。直線ACと x 軸との交点をEとするとき，次の問いに答えよ。ただし，$a>b>0$ とする。 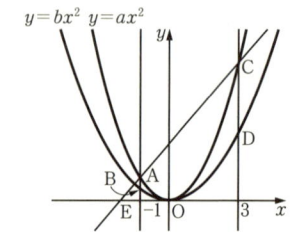
(1) 直線BDが点Eを通ることを証明せよ。
(2) △AEBと△CEDの面積の比を求めよ。
(3) 直線 $x=c$ が台形ABDCの面積を2等分するとき，c の値を求めよ。
(4) 線分ACの長さが5，台形ABDCの面積が $\frac{5}{2}$ のとき，a，b の値を求めよ。

6 ★★ 座標平面上に正方形ABCDがあり，その対角線の交点の座標はM(0, 2)である。また，頂点Aは放物線 $y=ax^2$（$a>0$）上にあり，その x 座標は正である。 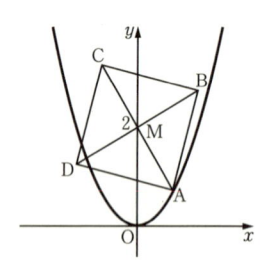
(1) 頂点Dが原点Oと一致するとき，a の値を求めよ。
(2) 頂点Cが x 軸上にあり，正方形ABCDの面積が20のとき，a の値を求めよ。
(3) 頂点Aの x 座標を p とするとき，頂点Dの座標を p，a を使って表せ。
(4) 頂点Dが x 軸上にあり，頂点Bが放物線 $y=\frac{1}{3}x^2$ 上にあるとき，a の値を求めよ。

2章 2次関数 $y=ax^2+bx+c$

1 2次関数 $y=a(x-p)^2+q$ のグラフ

1 2次関数 $y=a(x-p)^2+q$ のグラフ

2次関数 $y=2x^2+1$ のグラフについて考えてみよう。

2次関数 $y=2x^2$ と $y=2x^2+1$ の値を右のように表にしてみると, $2x^2+1$ の値は $2x^2$ の値に1を加えたものである。すなわち,

x	$\cdots$	-2	-1	0	1	2	$\cdots$
$2x^2$	$\cdots$	8	2	0	2	8	$\cdots$
$2x^2+1$	$\cdots$	9	3	1	3	9	$\cdots$

$y=2x^2+1$ のグラフは, $y=2x^2$ のグラフを y 軸の正の方向に1だけ平行移動したものであることがわかる。

$y=2x^2+1$ のグラフは, 軸は y 軸, 頂点は点 $(0, 1)$ で, そのグラフは右の図のようになる。

> 一般に, $y=ax^2+q$ のグラフは, $y=ax^2$ のグラフを y 軸の正の方向に q だけ平行移動した放物線である。
> 軸は y 軸 $(x=0)$ 　頂点は 点 $(0, q)$

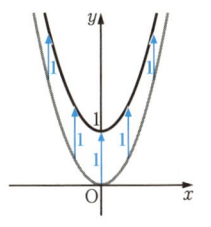

つぎに, 2次関数 $y=2(x-1)^2$ のグラフについて考えてみよう。

2次関数 $y=2x^2$ と $y=2(x-1)^2$ の値を右のように表にしてみると, $2x^2$ の値を右に

x	$\cdots$	-2	-1	0	1	2	3	4	$\cdots$
$2x^2$	$\cdots$	8	2	0	2	8	18	32	$\cdots$
$2(x-1)^2$	$\cdots$	18	8	2	0	2	8	18	$\cdots$

1列だけずらした値が $2(x-1)^2$ の値と一致していることがわかる。すなわち, $y=2(x-1)^2$ のグラフは, $y=2x^2$ のグラフを x 軸の正の方向に1だけ平行移動したものであることがわかる。

$y=2(x-1)^2$ のグラフは, 軸は直線 $x=1$, 頂点は点 $(1, 0)$ で, そのグラフは右の図のようになる。

> 一般に, $y=a(x-p)^2$ のグラフは, $y=ax^2$ のグラフを x 軸の正の方向に p だけ平行移動した放物線である。
> 軸は 直線 $x=p$ 　頂点は 点 $(p, 0)$

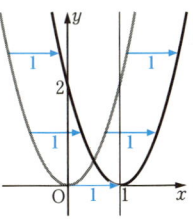

例 2次関数 $y=4(x+2)^2-1$ のグラフは，2次関数 $y=4x^2$ のグラフを x 軸の正の方向に -2，y 軸の正の方向に -1 だけ平行移動した放物線で，軸は直線 $x=-2$，頂点は点 $(-2, -1)$ である。

◎ 2次関数 $y=a(x-p)^2+q$ のグラフ

$y=a(x-p)^2+q$ のグラフは，
$y=ax^2$ のグラフを
 　x 軸方向に p，y 軸方向に q
平行移動した放物線である。
 　軸は　　直線 $x=p$
 　頂点は　点 (p, q)

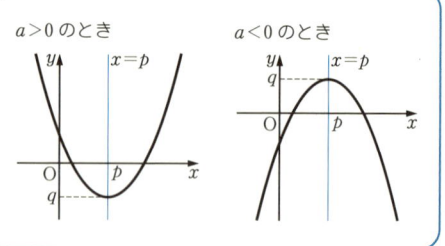

注意　「x 軸の正の方向に p だけ平行移動する」を，「x 軸方向に p 平行移動する」と表すこともある。また，「正の方向に -2」は「負の方向に 2」平行移動することである。

参考　2次関数 $y=a(x-p)^2+q$ のグラフと $y=ax^2$ のグラフは合同で，グラフの形は x^2 の係数である a の値で決まる。

例題1　2次関数 $y=a(x-p)^2+q$ のグラフ

次の2次関数のグラフをかき，その軸と頂点を求めよ。

(1) $y=-x^2-2$　　　(2) $y=-(x-2)^2$　　　(3) $y=\dfrac{1}{3}(x+1)^2-1$

解説　放物線のグラフをかく問題では，頂点の座標，および，放物線と y 軸との交点のめもりを記入すること。また，頂点が y 軸上にあるときは，頂点以外に最低1つのグラフ上の点を示すこと。

(1) $y=-x^2$ のグラフを y 軸方向に -2 平行移動する。
(2) $y=-x^2$ のグラフを x 軸方向に 2 平行移動する。
(3) $y=\dfrac{1}{3}x^2$ のグラフを x 軸方向に -1，y 軸方向に -1 平行移動する。

解答

(1) 軸は y 軸（$x=0$）
頂点は $(0, -2)$

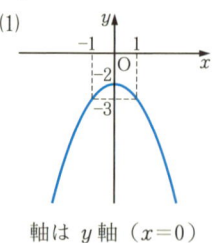

(2) 軸は 直線 $x=2$
頂点は $(2, 0)$

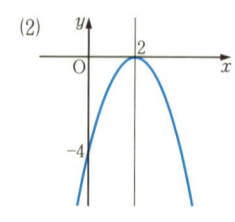

(3) 軸は 直線 $x=-1$
頂点は $(-1, -1)$

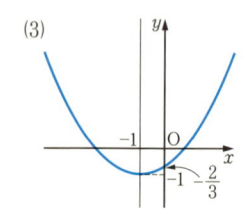

問1 次の2次関数のグラフをかき，その軸と頂点を求めよ。

(1) $y=-\dfrac{1}{2}x^2+1$　　(2) $y=\dfrac{1}{2}(x+3)^2$　　(3) $y=-\dfrac{1}{4}(x-1)^2+2$

問2 2次関数 $y=8x^2$ のグラフを平行移動して，頂点が点 $(2, -7)$ となるように移した。これをグラフとする2次関数を求めよ。

2　グラフの対称移動

点 (a, b) は，x 軸，y 軸，原点に関する対称移動によって，次の表の点に移る。

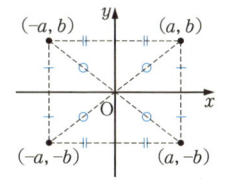

元の点	x軸対称	y軸対称	原点対称
(a, b)	$(a, -b)$	$(-a, b)$	$(-a, -b)$

関数 $y=f(x)$ のグラフを x 軸，y 軸，原点に関してそれぞれ対称移動したグラフの方程式について考えてみよう。

$y=f(x)$ のグラフ上の点 $Q(u, v)$ と x 軸に関して対称な点を $P(x, y)$ とすると，　$x=u, y=-v$　　すなわち，$u=x, v=-y$
Q は $y=f(x)$ のグラフ上の点であるから，$v=f(u)$
よって，$-y=f(x)$　　すなわち，$y=-f(x)$
ゆえに，$y=f(x)$ のグラフを x 軸に関して対称移動したグラフの方程式は，$y=f(x)$ の y を $-y$ に置き換えて，$-y=f(x)$ すなわち $y=-f(x)$ である。

y 軸および原点に関して対称移動したグラフについても同様に考えられる。

元の方程式	x軸対称	y軸対称	原点対称
$y=f(x)$	$y=-f(x)$　$(-y=f(x))$	$y=f(-x)$	$y=-f(-x)$　$(-y=f(-x))$

例 1次関数 $y=2x+3$ のグラフについて，
　x 軸に関して対称なグラフの方程式は，
　　y を $-y$ に置き換えて，$-y=2x+3$
　　すなわち，$y=-2x-3$　………①
　y 軸に関して対称なグラフの方程式は，
　　x を $-x$ に置き換えて，$y=2(-x)+3$
　　すなわち，$y=-2x+3$　………②
　原点に関して対称なグラフの方程式は，
　　x を $-x$ に，y を $-y$ に置き換えて，$-y=2(-x)+3$
　　すなわち，$y=2x-3$　………③　である。

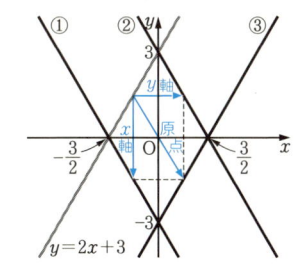

例題2　対称移動したグラフの方程式

放物線 $y=2(x-1)^2-3$ を x 軸，y 軸，原点に関してそれぞれ対称移動したグラフの方程式を求め，そのグラフをかけ。

解説　関数 $y=f(x)$ のグラフを x 軸，y 軸，原点に関してそれぞれ対称移動したグラフの方程式は，前ページの例のように置き換えをすると，次のようになる。

x 軸対称は，y を $-y$ に置き換えて，$-y=f(x)$

y 軸対称は，x を $-x$ に置き換えて，$y=f(-x)$

原点対称は，x を $-x$ に，y を $-y$ に置き換えて，$-y=f(-x)$

解答　放物線 $y=2(x-1)^2-3$ について，

x 軸に関して対称なグラフの方程式は，y を $-y$ に置き換えて，

　　$-y=2(x-1)^2-3$　　　すなわち，$y=-2(x-1)^2+3$　　　グラフは図1

y 軸に関して対称なグラフの方程式は，x を $-x$ に置き換えて，

　　$y=2\{(-x)-1\}^2-3$　　　すなわち，$y=2(x+1)^2-3$　　　グラフは図2

原点に関して対称なグラフの方程式は，x を $-x$ に，y を $-y$ に置き換えて，

　　$-y=2\{(-x)-1\}^2-3$　　　すなわち，$y=-2(x+1)^2+3$　　　グラフは図3

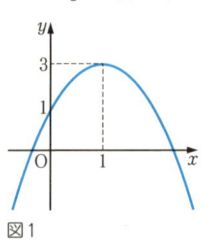

図1 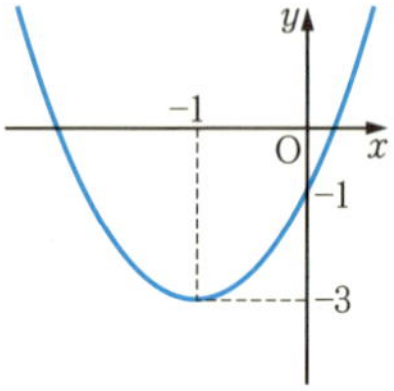　　　　　図2 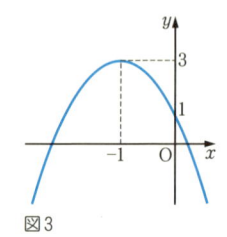　　　　　図3

参考　放物線 $y=2(x-1)^2-3$ の頂点 $(1, -3)$ に着目すると，x 軸に関して対称な点は $(1, 3)$ であり，グラフの下に凸は上に凸にかわるから，x 軸対称なグラフの方程式は，$y=-2(x-1)^2+3$ と考えることもできる。

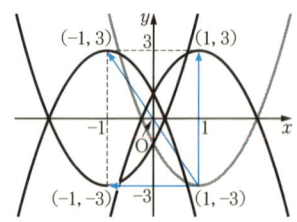

同様に考えて，頂点と y 軸に関して対称な点は $(-1, -3)$ であるから，y 軸対称なグラフの方程式は $y=2(x+1)^2-3$，頂点と原点に関して対称な点は $(-1, 3)$ であり，グラフは上に凸にかわるから，原点対称なグラフの方程式は $y=-2(x+1)^2+3$ である。

問3　次の問いに答えよ。

(1) 直線 $y=-2x+4$ を原点に関して対称移動したグラフの方程式を求めよ。

(2) 放物線 $y=-(x-2)^2+5$ を x 軸，y 軸，原点に関してそれぞれ対称移動したグラフの方程式を求めよ。

コラム 　**回転移動**

形や大きさを変えずに，ある図形を他の位置へ移すことを移動といいます。平面上では，すべての移動は，対称移動，平行移動，回転移動を組み合わせることによって得られます。座標平面上の点の移動については，1節で対称移動を学び，2節で平行移動を学習します。

ここでは，座標平面上の点の回転移動の1つの例を紹介します。

● **原点を中心とする $60°$ の回転移動**

右の図のように，点 $A(u, v)$ を原点 O を中心として $60°$ 回転させた点を $P(x, y)$ とし，点 A, P から x 軸にそれぞれ垂線 AH, PH' を引きます。$\triangle AOQ \equiv \triangle POH'$ となる点 Q をとり，線分 AQ と OH の交点を R とします。$\triangle ROQ$ で，$\angle ROQ = 60°$，$\angle OQR = 90°$ より，

$$OR = 2OQ = 2OH' = 2x, \quad QR = \sqrt{3}\,OQ = \sqrt{3}\,OH' = \sqrt{3}\,x$$

$\triangle ROQ \sim \triangle RAH$ より，$AH = \dfrac{1}{2}RA = \dfrac{1}{2}(QA - QR)$

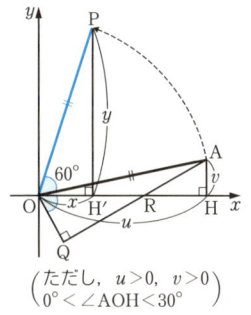

よって，$v = \dfrac{1}{2}(y - \sqrt{3}\,x) = -\dfrac{\sqrt{3}}{2}x + \dfrac{1}{2}y$

また，$OH = OR + RH = OR + \dfrac{\sqrt{3}}{2}RA$

よって，$u = 2x + \dfrac{\sqrt{3}}{2}(y - \sqrt{3}\,x) = \dfrac{1}{2}x + \dfrac{\sqrt{3}}{2}y$

ゆえに，$u = \dfrac{1}{2}x + \dfrac{\sqrt{3}}{2}y, \quad v = -\dfrac{\sqrt{3}}{2}x + \dfrac{1}{2}y$ です。

（ただし，$u > 0, v > 0$
$0° < \angle AOH < 30°$）

1次関数 $y = x$ のグラフを，原点 O を中心として $60°$ 回転させたグラフの方程式は，x を $\dfrac{1}{2}x + \dfrac{\sqrt{3}}{2}y$ に，y を $-\dfrac{\sqrt{3}}{2}x + \dfrac{1}{2}y$ に置き換えて，$-\dfrac{\sqrt{3}}{2}x + \dfrac{1}{2}y = \dfrac{1}{2}x + \dfrac{\sqrt{3}}{2}y$

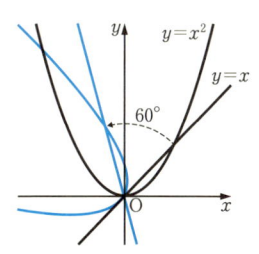

すなわち，$y = -(2 + \sqrt{3})x$ となります。

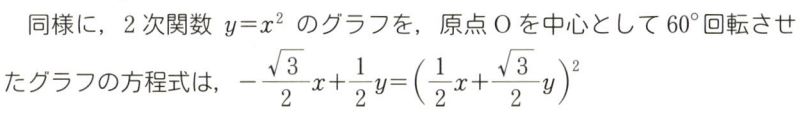

同様に，2次関数 $y = x^2$ のグラフを，原点 O を中心として $60°$ 回転させたグラフの方程式は，$-\dfrac{\sqrt{3}}{2}x + \dfrac{1}{2}y = \left(\dfrac{1}{2}x + \dfrac{\sqrt{3}}{2}y\right)^2$

すなわち，$x^2 + 2\sqrt{3}\,xy + 3y^2 + 2\sqrt{3}\,x - 2y = 0$ となります。

2 2次関数 $y=ax^2+bx+c$ のグラフ

1 2次関数 $y=ax^2+bx+c$ のグラフ

2次関数 $y=2x^2-4x-1$ のグラフをかいてみよう。
この式の右辺を変形して，$y=a(x-p)^2+q$ の形にする。

$$\begin{aligned}y&=2x^2-4x-1\\&=2(x^2-2x)-1\\&=2(x^2-2x+1^2)-2\times1^2-1\\&=2(x-1)^2-3\end{aligned}$$

- x^2 の係数 2 でくくる
- ( ) の中で 1^2 を加え，( ) の外で 2×1^2 を引く
- 整理すると，$a(x-p)^2+q$ の形になる

$y=2(x-1)^2-3$ のグラフは，$y=2x^2$ のグラフを x 軸方向に 1，y 軸方向に -3 平行移動したもので，右の図のようになる。軸は直線 $x=1$，頂点は点 $(1,-3)$ である。

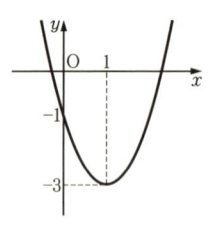

2次式 ax^2+bx+c を $a(x-p)^2+q$ の形にすることを**平方完成**という。

同様にして，2次関数 $y=ax^2+bx+c$ の右辺を平方完成してみよう。

$$\begin{aligned}y&=ax^2+bx+c\\&=a\left(x^2+\frac{b}{a}x\right)+c\\&=a\left\{x^2+2\cdot\frac{b}{2a}x+\left(\frac{b}{2a}\right)^2\right\}-a\left(\frac{b}{2a}\right)^2+c\\&=a\left(x+\frac{b}{2a}\right)^2-\frac{b^2-4ac}{4a}\end{aligned}$$

- x^2 の係数 a でくくる
- { } の中で (x の係数の半分)^2 を加え，{ } の外でその a 倍を引く
- 整理すると，$a(x-p)^2+q$ の形になる

● 2次関数 $y=ax^2+bx+c$ のグラフ

$y=ax^2+bx+c$ のグラフは，$y=ax^2$ のグラフを

x 軸方向に $-\dfrac{b}{2a}$，y 軸方向に $-\dfrac{b^2-4ac}{4a}$

平行移動した放物線である。

軸は　直線 $x=-\dfrac{b}{2a}$

頂点は　点 $\left(-\dfrac{b}{2a},\ -\dfrac{b^2-4ac}{4a}\right)$

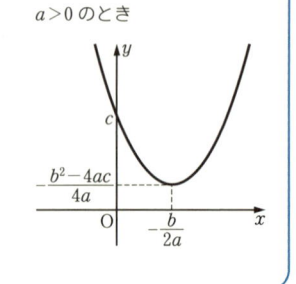

例題3 2次関数 $y=ax^2+bx+c$ のグラフ

2次関数 $y=-x^2+x+2$ のグラフをかき，その軸と頂点を求めよ。

解説 式の右辺を平方完成して，$y=a(x-p)^2+q$ の形にしてグラフをかく。

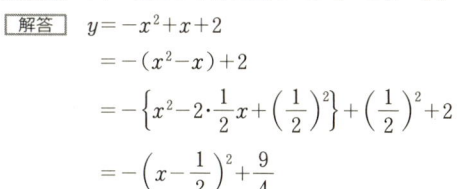

解答 $y=-x^2+x+2$
$=-(x^2-x)+2$
$=-\{x^2-2\cdot\dfrac{1}{2}x+\left(\dfrac{1}{2}\right)^2\}+\left(\dfrac{1}{2}\right)^2+2$
$=-\left(x-\dfrac{1}{2}\right)^2+\dfrac{9}{4}$

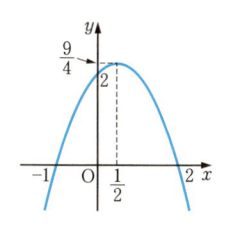

グラフは右の図，軸は 直線 $x=\dfrac{1}{2}$，頂点は $\left(\dfrac{1}{2},\ \dfrac{9}{4}\right)$

参考 グラフと x 軸の共有点の座標は，
$y=0$ とすると $-x^2+x+2=0$ であるから，$(x+1)(x-2)=0$
よって，$x=-1,\ 2$ であるから，$(-1,\ 0),\ (2,\ 0)$ である。

問4 次の2次関数のグラフをかき，その軸と頂点を求めよ。
(1) $y=-3x^2+6x-1$ (2) $y=(x-2)(x+4)$

例題4 2次関数のグラフと係数の符号

右の図は，2次関数 $y=ax^2+bx+c$ のグラフである。このグラフから，次の式の符号を調べよ。
(1) a (2) b (3) c
(4) b^2-4ac

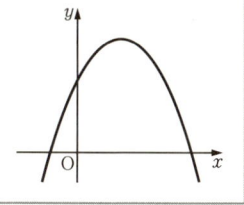

解説 (1) グラフが下に凸のとき $a>0$，上に凸のとき $a<0$ である。
(2), (4) 頂点 $\left(-\dfrac{b}{2a},\ -\dfrac{b^2-4ac}{4a}\right)$ の位置に着目する。a の符号に注意すること。
(3) y 軸との交点の座標は $(0,\ c)$ である。

解答 (1) グラフは上に凸であるから，$a<0$
(2) 軸は $x>0$ の部分にあるから，$-\dfrac{b}{2a}>0$
(1)より，$a<0$ であるから，$b>0$
(3) グラフは y 軸と $y>0$ の部分で交わるから，$c>0$
(4) 頂点の y 座標は正であるから，$-\dfrac{b^2-4ac}{4a}>0$
(1)より，$a<0$ であるから，$b^2-4ac>0$

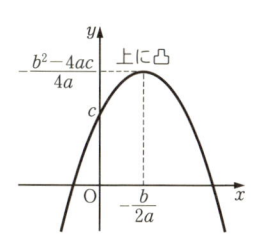

問5 次の図は，2次関数 $y=ax^2+bx+c$ のグラフである。それぞれの場合について，a，b，c，b^2-4ac の符号を調べよ。

(1)　(2)

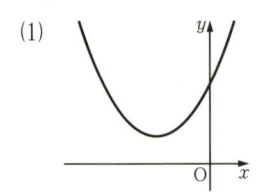

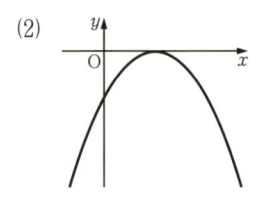

2　グラフの平行移動

　放物線 $y=ax^2$ を x 軸方向に p，y 軸方向に q 平行移動したグラフの方程式は，$y=a(x-p)^2+q$ であることを学んだ。

　一般に，関数 $y=f(x)$ のグラフを x 軸方向に p，y 軸方向に q 平行移動したグラフの方程式はどのようになるだろうか。

　$y=f(x)$ のグラフを C とし，このグラフを x 軸方向に p，y 軸方向に q 平行移動したグラフを C' とする。
この平行移動で，C 上の点 $Q(u, v)$ が C' 上の点 $P(x, y)$ に移動したとすると，

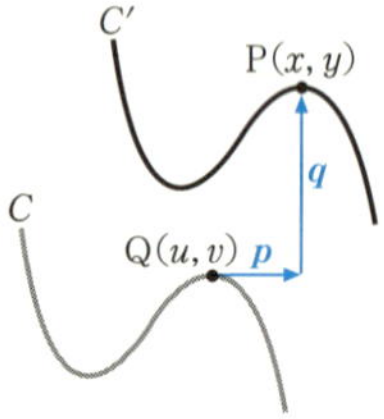

$$u+p=x,\quad v+q=y$$

すなわち，　$u=x-p,\quad v=y-q$

Q は C 上の点であるから，$v=f(u)$

ゆえに，　$y-q=f(x-p)$

　これが，関数 $y=f(x)$ のグラフを x 軸方向に p，y 軸方向に q 平行移動したグラフの方程式である。

> 一般に，関数 $y=f(x)$ のグラフを x 軸方向に p，y 軸方向に q 平行移動したグラフの方程式は，
> $$\boldsymbol{y-q=f(x-p)}\quad(y=f(x-p)+q)$$

例　直線 $y=2x+3$ のグラフを x 軸方向に 1，y 軸方向に -2 平行移動したグラフの方程式は，
$y=2x+3$ の x を $x-1$ に，y を $y-(-2)$ にそれぞれ置き換えればよい。
　　　$y-(-2)=2(x-1)+3$
ゆえに，$y=2x-1$

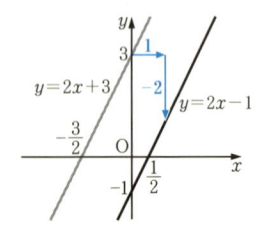

例題5　放物線の平行移動①

放物線 $y=2x^2-3x+4$ のグラフを x 軸方向に -1，y 軸方向に 5 平行移動したグラフの方程式を求めよ。

解説　$y=f(x)$ のグラフを x 軸方向に p，y 軸方向に q 平行移動したグラフの方程式は，$y-q=f(x-p)$ である。

解答　放物線 $y=2x^2-3x+4$ の x を $x-(-1)$ に，y を $y-5$ に置き換えると，
$$y-5=2\{x-(-1)\}^2-3\{x-(-1)\}+4$$
ゆえに，$y=2x^2+x+8$

別解　$y=2x^2-3x+4=2\left(x-\dfrac{3}{4}\right)^2+\dfrac{23}{8}$ より，頂点は $\left(\dfrac{3}{4},\ \dfrac{23}{8}\right)$

これを x 軸方向に -1，y 軸方向に 5 平行移動すると，$\left(-\dfrac{1}{4},\ \dfrac{63}{8}\right)$

ゆえに，求めるグラフの方程式は，$y=2\left(x+\dfrac{1}{4}\right)^2+\dfrac{63}{8}$

例題6　放物線の平行移動②

放物線 $y=2x^2-4x+10$ ……① は，放物線 $y=2x^2+16x+39$ ……② をどのように平行移動したものか。

解説　2つの放物線を $y=a(x-p)^2+q$ の形に変形し，それぞれの頂点を求め，それらの位置関係を考える。

解答　$y=2x^2-4x+10$ を変形すると，$y=2(x-1)^2+8$
よって，頂点は $(1,\ 8)$
$y=2x^2+16x+39$ を変形すると，$y=2(x+4)^2+7$
よって，頂点は $(-4,\ 7)$
放物線②を x 軸方向に p，y 軸方向に q 平行移動したものが放物線①であるとすると，$-4+p=1,\ 7+q=8$
よって，$p=5,\ q=1$
ゆえに，放物線①は，②を x 軸方向に 5，y 軸方向に 1 平行移動したものである。

問6　放物線 $y=-2x^2+x-8$ を C とする。

(1) 放物線 C を x 軸方向に 4，y 軸方向に 7 平行移動した放物線の方程式を求めよ。

(2) ある放物線を x 軸方向に 1，y 軸方向に -3 平行移動したところ，放物線 C と一致した。この放物線の方程式を求めよ。

(3) 放物線 C は，放物線 $y=-2x^2-x+3$ をどのように平行移動したものか。

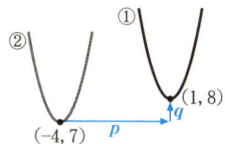

3 2次関数の決定

2次関数のグラフについての条件が与えられたとき，それを満たす2次関数の式を求めてみよう。

2次関数の式の形については，次の2通りを学んだ。

(i) $y = a(x-p)^2 + q$ ← 頂点形とよぶことにする
　　　軸は　直線 $x = p$，　頂点は　点 (p, q)

(ii) $y = ax^2 + bx + c$ ← 一般形とよぶことにする
　　　一般的な形

(i)は頂点や軸の条件が与えられた場合に，(ii)はグラフ上の3点の座標が与えられた場合に用いる。

また，グラフが x 軸と2点 $(\alpha, 0)$，$(\beta, 0)$ で交わる2次関数 $y = f(x)$ は，$f(\alpha) = 0$，$f(\beta) = 0$ であるから，$f(x) = a(x - \alpha)(x - \beta)$ の形で表される。

(iii) $y = a(x - \alpha)(x - \beta)$ ← 因数分解した形から，分解形とよぶことにする
　　　2点 $(\alpha, 0)$，$(\beta, 0)$ を通る。

例 2次関数 $y = 3x^2 - 15x + 18$ のグラフは，$y = 3(x-2)(x-3)$ と表されるから，x 軸と2点 $(2, 0)$，$(3, 0)$ で交わる。

以上から，2次関数を求めるときは，次のうち，適した式の形を選ぶとよい。

$$
2次関数 \begin{cases} \text{(i)} & 頂点形 & y = a(x-p)^2 + q \\ \text{(ii)} & 一般形 & y = ax^2 + bx + c \\ \text{(iii)} & 分解形 & y = a(x-\alpha)(x-\beta) \end{cases}
$$

例題7 2次関数の決定①

グラフが次の条件を満たす2次関数を求めよ。
(1) 頂点が点 $(4, -2)$ で，点 $(5, 1)$ を通る。
(2) 3点 $(3, 1)$，$(4, 2)$，$(6, -2)$ を通る。
(3) x 軸と2点 $(-3, 0)$，$(1, 0)$ で交わり，点 $(3, -6)$ を通る。

[解説] (1)は頂点形，(2)は一般形，(3)は分解形で表すとよい。

[解答] (1) 頂点が $(4, -2)$ であるから，求める2次関数は，
　　　　　　　$y = a(x-4)^2 - 2$　と表される。
　　　グラフが点 $(5, 1)$ を通るから，$1 = a(5-4)^2 - 2$
　　　これを解いて，$a = 3$
　　　ゆえに，　　　$y = 3(x-4)^2 - 2$　（$y = 3x^2 - 24x + 46$ と答えてもよい）

(2) 求める2次関数を $y=ax^2+bx+c$ とする。
グラフが点 (3, 1) を通るから，$1=9a+3b+c$ ……①
グラフが点 (4, 2) を通るから，$2=16a+4b+c$ ……②
グラフが点 (6, -2) を通るから，$-2=36a+6b+c$ ……③
①, ②, ③より，$a=-1$, $b=8$, $c=-14$
ゆえに，$y=-x^2+8x-14$

(3) グラフが2点 $(-3, 0)$, $(1, 0)$ を通るから，求める2次関数は，
$$y=a(x+3)(x-1)$$ と表される。
グラフが点 (3, -6) を通るから，$-6=a(3+3)(3-1)$
よって，$a=-\dfrac{1}{2}$

ゆえに，$y=-\dfrac{1}{2}(x+3)(x-1)$ より，$y=-\dfrac{1}{2}x^2-x+\dfrac{3}{2}$

注意 答えとなる2次関数の式は，頂点形か一般形のどちらかで書く。

例題8★ **2次関数の決定②**

グラフが2点 $(-1, 12)$, $(3, 108)$ を通り，x 軸に接する2次関数を求めよ。

解説 2次関数のグラフが x 軸とただ1点を共有するとき，そのグラフは x 軸に接するといい，その共有点を接点という。
接点を $(p, 0)$ とすると，求める2次関数は $y=a(x-p)^2$ と表される。
また，右の図のように，2点 A, B を通り，x 軸に接する2次関数は，1つとは限らない。

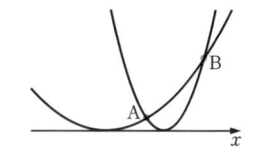

解答 グラフが x 軸と接するから，頂点を $(p, 0)$ とすると，求める2次関数は，
$$y=a(x-p)^2$$ と表される。
グラフが点 $(-1, 12)$ を通るから，$12=a(-1-p)^2$ ……①
グラフが点 $(3, 108)$ を通るから，$108=a(3-p)^2$ ……②
②$-9\times$① より，$0=a(3-p)^2-9a(-1-p)^2$
$a\neq 0$ であるから，$(p-3)^2-3^2(p+1)^2=0$
$\{(p-3)+3(p+1)\}\{(p-3)-3(p+1)\}=0$
$4p(-2p-6)=0$
$-8p(p+3)=0$
$p(p+3)=0$ よって，$p=-3, 0$
$p=-3$ のとき，$a=3$ $p=0$ のとき，$a=12$
ゆえに，$y=3(x+3)^2$ $(y=3x^2+18x+27)$ または $y=12x^2$

問7 グラフが次の条件を満たす2次関数を求めよ。
(1) x^2 の係数が -2 で，頂点が点 $(1, 2)$ である。
(2) 2点 $(1, -7)$，$(2, -12)$ を通り，軸が直線 $x = -1$ である。
(3) x 軸と2点 $(-4, 0)$，$(-2, 0)$ で交わり，y 軸と点 $(0, -2)$ で交わる。
(4) 3点 $(-1, -1)$，$(2, -4)$，$(3, -1)$ を通る。

問8 ★ グラフが2点 $(0, 4)$，$(-2, 16)$ を通り，その頂点が x 軸上にある2次関数を求めよ。

4 絶対値のついた関数のグラフ

絶対値のついた関数のグラフをかいてみよう。

実数 a について，数直線上に点 $A(a)$ をとるとき，原点 O から点 $A(a)$ までの距離 OA を a の **絶対値** といい，$|a|$ で表す。

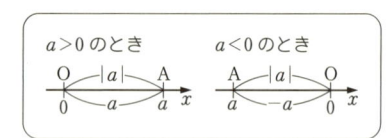

実数 a に対して，
$a \geq 0$ のとき，$|a| = a$
$a < 0$ のとき，$|a| = -a$ である。

関数 $y = |f(x)|$ について，上と同様に考えると，
$f(x) \geq 0$ のとき，$|f(x)| = f(x)$
$f(x) < 0$ のとき，$|f(x)| = -f(x)$ となる。

例 $y = |x - 1|$ のグラフをかいてみよう。
$x - 1 \geq 0$ すなわち $x \geq 1$ のとき，$y = x - 1$
$x - 1 < 0$ すなわち $x < 1$ のとき，$y = -(x - 1)$
ゆえに，$y = |x - 1|$ のグラフは，右の図のようになる。これは，$y = x - 1$ のグラフをかいて，x 軸より下側の部分を x 軸に関して対称に折り返したものである。

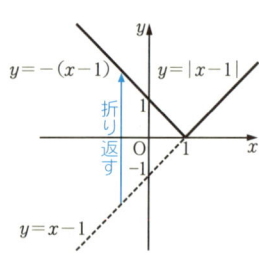

――●絶対値のついた関数のグラフ――
(1) $|f(x)|$ について，
$f(x) \geq 0$ のとき，$|f(x)| = f(x)$
$f(x) < 0$ のとき，$|f(x)| = -f(x)$
(2) $y = |f(x)|$ のグラフ
$y = |f(x)|$ のグラフは，$y = f(x)$ のグラフをかいて，x 軸より下側の部分を x 軸に関して対称移動したものである。

例 $y=|x^2-1|$ のグラフをかいてみよう。

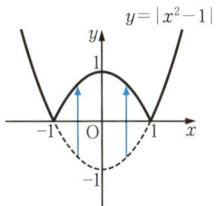

$y=x^2-1$ は，点 $(0,-1)$ を頂点とする下に凸の放物線である。このグラフをかいて，x 軸より下側の部分を x 軸に関して対称移動する。
このとき，
$$y=|x^2-1|=\begin{cases} x^2-1 & (x^2-1\geqq 0 \text{ のとき}) \\ -(x^2-1) & (x^2-1<0 \text{ のとき}) \end{cases}$$

ゆえに，$y=|x^2-1|$ のグラフは右の図のようになる。

注意 上の例で，2次不等式 $x^2-1\geqq 0$ を満たす x の範囲は $x\leqq -1$，$1\leqq x$，2次不等式 $x^2-1<0$ を満たす x の範囲は $-1<x<1$ である。2次不等式の解き方については3章で学ぶので，ここでは2次不等式 $x^2-1\geqq 0$，$x^2-1<0$ はそのままの形で書いておく。

例題9 ★ **絶対値のついた関数のグラフ**

次の関数のグラフをかけ。
(1) $y=|x^2-2x|$ 　　　　　(2) $y=x^2-2|x|$

解説 (1) $y=x^2-2x$ のグラフをかいて，x 軸より下側の部分を折り返す。
(2) $x\geqq 0$ のとき $|x|=x$，$x<0$ のとき $|x|=-x$ であるから，$x\geqq 0$，$x<0$ で分けて考える。

解答 $y=x^2-2x=(x-1)^2-1$ より，このグラフの頂点は $(1,-1)$ である。

(1) $y=|x^2-2x|=\begin{cases} x^2-2x=x(x-2) & (x^2-2x\geqq 0 \text{ のとき}) \\ -(x^2-2x)=-x(x-2) & (x^2-2x<0 \text{ のとき}) \end{cases}$

であるから，x 軸より下側の部分を x 軸に関して対称移動する。グラフは図1

(2) $y=x^2-2|x|=\begin{cases} x^2-2x=x(x-2) & (x\geqq 0 \text{ のとき}) \\ x^2-2(-x)=x^2+2x=x(x+2) & (x<0 \text{ のとき}) \end{cases}$

$y=x^2+2x=(x+1)^2-1$ より，このグラフの頂点は $(-1,-1)$ である。
$x\geqq 0$ のとき，$x<0$ のときで分けて考える。グラフは図2

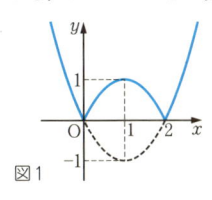

図1 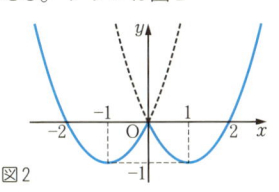　　　図2

問9 ★ 次の関数のグラフをかけ。
(1) $y=\dfrac{1}{2}|(x-2)(x+6)|$ 　　(2) $y=x^2-2|x|+1$ 　　(3) $y=x^2-|2x-1|$

研究　双曲線 $y=\dfrac{a}{x}$ の平行移動

放物線の平行移動についてはすでに学んだ。ここでは，双曲線 $y=\dfrac{a}{x}$ $(a\neq 0)$ の平行移動について考えてみよう。

$y=\dfrac{a}{x}$ のグラフ $(a\neq 0)$
(1) 右の図のような曲線になる。（この曲線を双曲線という。）
(2) 原点に関して対称である。
(3) 原点から遠ざかるにつれ，x 軸または y 軸に限りなく近づく。

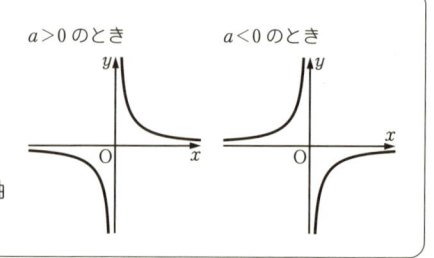

一般に，曲線上の点が原点から遠ざかるにつれて，一定の直線に限りなく近づいていき，交わることがないならば，この直線をその曲線の**漸近線**という。

双曲線 $y=\dfrac{a}{x}$ の漸近線は，x 軸 $(y=0)$ と y 軸 $(x=0)$ である。

双曲線 $y=\dfrac{4}{x}$ は右の図のようになり，その漸近線は，x 軸 $(y=0)$ と y 軸 $(x=0)$ である。

このグラフを x 軸方向に 1，y 軸方向に -2 平行移動させてみよう。

$y=\dfrac{4}{x}$ の x を $x-1$ に，y を $y-(-2)$ に置き換えると，$y-(-2)=\dfrac{4}{x-1}$ であるから，平行移動させた双曲線の方程式は $y=\dfrac{4}{x-1}-2$ となり，その漸近線は，x 軸 $(y=0)$ は直線 $y=-2$ に，y 軸 $(x=0)$ は直線 $x=1$ に移る。したがって，グラフは右の図のようになる。（点 $(2,2)$，$(-2,-2)$ はそれぞれ点 $(3,0)$，$(-1,-4)$ に移る。）

注意　グラフには漸近線も必ずかいておくこと。

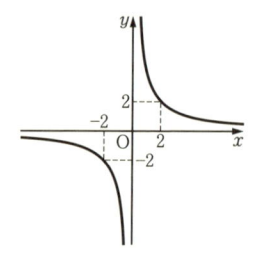

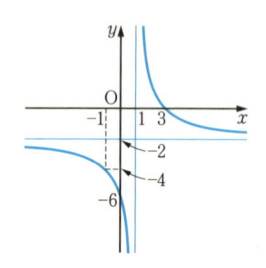

●双曲線 $y = \dfrac{a}{x-p} + q$

関数 $y = \dfrac{a}{x-p} + q$ のグラフは，関数 $y = \dfrac{a}{x}$ のグラフを
　x 軸方向に p，　y 軸方向に q
平行移動した双曲線である。
このグラフの漸近線は，直線 $x = p$ と $y = q$ である。

例題10 ★★ 双曲線の平行移動

次の関数のグラフをかけ。

(1) $y = -\dfrac{1}{x-2} + 3$　　　　(2) $y = \dfrac{2x+4}{x+1}$

[解説]　グラフをかくときは，対称性に注意し，なめらかにかく。漸近線を必ずかくこと。また，グラフと x 軸，y 軸との交点を求めるには，関数の方程式にそれぞれ $y = 0$, $x = 0$ を代入する。(2)は $y = \dfrac{a}{x-p} + q$ と変形する。

[解答]　(1)　求めるグラフは，双曲線 $y = -\dfrac{1}{x}$ を x 軸方向に 2，y 軸方向に 3 平行移動した双曲線で，漸近線は $x = 2$, $y = 3$ である。　　グラフは図1

(2)　$y = \dfrac{2x+4}{x+1} = \dfrac{2(x+1)+2}{x+1} = 2 + \dfrac{2}{x+1} = \dfrac{2}{x+1} + 2$ であるから，

求めるグラフは，双曲線 $y = \dfrac{2}{x}$ を x 軸方向に -1，y 軸方向に 2 平行移動した双曲線で，漸近線は $x = -1$, $y = 2$ である。　　グラフは図2

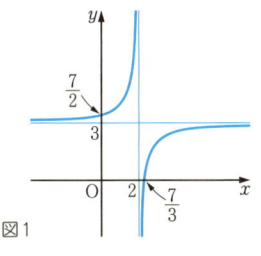

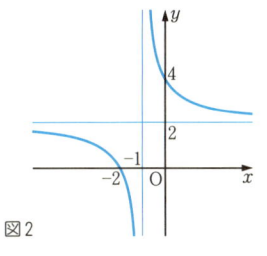

図1

図2

[注意]　上のように，y が x の分数の形の式で表されるとき，y を x の分数関数という。

問10 ★★ 次の関数のグラフをかけ。

(1) $y = -\dfrac{3}{3-x}$　　　　(2) $y = \dfrac{3x+4}{x+2}$

演習問題

1 次の □ にあてはまる数や式を求めよ。

放物線 $y=x^2+ax+b$ を C とし, 点 $(5, 8)$ を通るとする。このとき, b を a の式で表すと, $b=$ □(ア) である。さらに, 放物線 C の頂点が y 軸上にあるとき, $a=$ □(イ), $b=$ □(ウ) であり, C の頂点が x 軸上にあるとき, $a=$ □(エ) である。

2 放物線 $y=x^2-6x+8$ を, 次のように移動させた放物線の方程式を求めよ。
(1) 直線 $x=1$ に関する対称移動
(2) 直線 $y=1$ に関する対称移動
(3) 点 $(1, 2)$ に関する点対称移動

3 2つの2次関数 $y=x^2+4x$ と $y=\dfrac{1}{2}x^2+ax+b$ のグラフの頂点が一致するように, 定数 a, b の値を定めよ。

4 2次関数 $y=x^2+2x$ のグラフを x 軸方向に 3 平行移動し, つぎに, 原点に関して対称移動し, さらに, y 軸方向に -3 平行移動したグラフの方程式を求めよ。

5 放物線 $y=-2x^2$ を x 軸方向に a, y 軸方向に b だけ平行移動した放物線を C とする。さらに, 放物線 C を x 軸に関して対称移動すると, 放物線 $y=2x^2-12x+10$ が得られた。このとき, 定数 a, b の値を求めよ。

6 * 放物線 $y=x^2+2ax+b$ が点 $(-2, 5)$ を通り, かつ, その頂点が直線 $y=-x+3$ 上にあるとき, 定数 a, b の値を求めよ。

7 ** 放物線 $y=ax^2+bx+c$ の頂点は $(1, -8)$ で, x 軸との交点の 1 つは $(-1, 0)$ である。
(1) 定数 a, b, c の値を求めよ。
(2) この放物線と x 軸との交点のうち, $(-1, 0)$ 以外の点の座標を求めよ。
(3) 次の曲線のグラフをかけ。
　(i) $y=|ax^2+bx+c|$　　　(ii) $y=ax^2+|bx+8|+c$

3　2次関数 $y=ax^2+bx+c$ の最大・最小

1　2次関数 $y=ax^2+bx+c$ の最大・最小

2次関数 $y=ax^2+bx+c$ のグラフは，
　$a>0$ ならば下に凸で，その頂点が最も下にある点であり，
　$a<0$ ならば上に凸で，その頂点が最も上にある点である。
2次関数 $y=ax^2+bx+c$ の定義域をすべての実数とする。この2次関数を，頂点形 $y=a(x-p)^2+q$ に変形すると，頂点は点 (p, q) となる。

(1) $a>0$ のとき
　y の値は $x<p$ の範囲で減少し，
　$x>p$ の範囲で増加する。
　$x=p$ で最小値 q をとり，最大値はない。

(2) $a<0$ のとき
　y の値は $x<p$ の範囲で増加し，
　$x>p$ の範囲で減少する。
　$x=p$ で最大値 q をとり，最小値はない。

例　2次関数 $y=-2x^2+8x-7$ の最大，最小を調べてみよう。
　$y=-2x^2+8x-7=-2(x-2)^2+1$ と変形できる。
　このグラフは上に凸の放物線で，
　軸は直線 $x=2$，頂点は点 $(2, 1)$ であるから，
　右の図のようになる。
　定義域は実数全体であるから，y の値は $x=2$ で最大値1をとる。
　また，y の値はいくらでも小さくなるから，最小値はない。

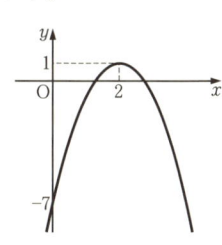

●気をつけよう！
関数の最大値，最小値を求める問題では，それらを与える x の値を必ず書くこと。また，最大値，最小値がない場合は，「最大値なし」，「最小値なし」などの表現で，そのことを明記する。

問11　次の2次関数の最大，最小を調べよ。

(1) $y=-x^2+5x-4$ 　　(2) $y=\dfrac{1}{2}x^2+\dfrac{1}{6}x+1$

例題11 定義域が限られたときの2次関数 $y=ax^2+bx+c$ の最大・最小

次の2次関数の定義域が（ ）の中に示された範囲であるとき，その最大，最小を調べよ。

(1) $y=-x^2+2x$ （$-1\leq x\leq 2$） (2) $y=x^2+6x+5$ （$x\leq 0$）

解説 まず，頂点形 $y=a(x-p)^2+q$ に変形し，グラフの概形をかいてみる。定義域が実数全体でない場合の最大，最小については，2次関数 $y=ax^2$ ($a>0$) の最大・最小の表（→p.11）を参考にするとよい。

解答 (1) $y=-x^2+2x=-(x-1)^2+1$ と変形できる。

定義域が $-1\leq x\leq 2$ であるから，グラフは右の図のようになる。グラフより，$x=1$ で最大値 1 をとり，$x=-1$ で最小値 -3 をとる。

ゆえに，最大値 1 （$x=1$ のとき）
　　　　最小値 -3 （$x=-1$ のとき）

(2) $y=x^2+6x+5=(x+3)^2-4$ と変形できる。

定義域が $x\leq 0$ であるから，グラフは右の図のようになる。グラフより，$x=-3$ で最小値 -4 をとり，最大値はない。

ゆえに，最大値 なし
　　　　最小値 -4 （$x=-3$ のとき）

参考 $y=-x^2+2x$ の $-1\leq x\leq 2$ における値域は $-3\leq y\leq 1$，$y=x^2+6x+5$ の $x\leq 0$ における値域は $y\geq -4$ である。

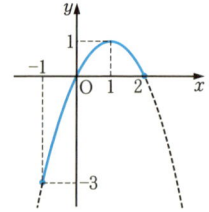

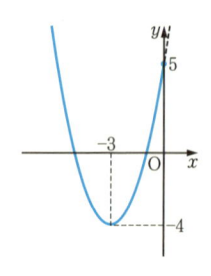

■ポイント

2次関数 $y=ax^2+bx+c=a(x-p)^2+q$ について，$f(x)=ax^2+bx+c$ とおく。
定義域が $\alpha\leq x\leq \beta$ のとき，その最大値，最小値は，
　　q（頂点の y 座標），$f(\alpha)$，$f(\beta)$ のいずれかである。
定義域が $\alpha<x<\beta$ または $x\leq\alpha$ または $x\geq\beta$ のとき，
　　「最大値なし」，「最小値なし」となることがある。

問12 次の2次関数の定義域が（ ）の中に示された範囲であるとき，その最大，最小を調べよ。

(1) $y=3x^2+x-2$ （$-2\leq x\leq 0$） (2) $y=x(x-4)$ （$0<x<4$）

(3) $y=-\dfrac{1}{3}x^2-2x$ （$0\leq x<3$）

例題12 最大値，最小値の条件から2次関数を決定する①

2次関数 $y=x^2+ax+b$ の最小値は4で，そのグラフが点 $(2, 5)$ を通る。このとき，a, b の値を求めよ。

解説 2次関数 $y=x^2+ax+b$ は下に凸の放物線で，最小値が4であるから，頂点形で表すとよい。

解答 2次関数 $y=x^2+ax+b$ の最小値が4であるから，
$$y=(x-p)^2+4$$ と表される。
グラフが点 $(2, 5)$ を通るから，$5=(2-p)^2+4$
よって，$(p-2)^2=1$　　$p-2=\pm 1$ より，$p=3, 1$
$p=3$ のとき，$y=(x-3)^2+4=x^2-6x+13$
$p=1$ のとき，$y=(x-1)^2+4=x^2-2x+5$
これらは，$y=x^2+ax+b$ と一致するから，
$$a=-6, b=13 \quad \text{または} \quad a=-2, b=5$$

問13 2次関数 $y=-x^2+ax+b$ の最大値は2で，そのグラフが点 $(-1, 1)$ を通る。このとき，a, b の値を求めよ。

例題13 最大値，最小値の条件から2次関数を決定する②

2次関数 $y=ax^2-2x+2$ は，$x=a$ で最小値 b をとる。このとき，a, b の値を求めよ。

解説 2次関数 $y=ax^2-2x+2$ は，$x=a$ で最小値 b をとるから，頂点形で表すとよい。このとき，$a>0$ であることに注意する。

解答 2次関数 $y=ax^2-2x+2$ は，$x=a$ で最小値 b をとるから，
$$y=a(x-a)^2+b \quad \cdots\cdots ①$$ と表される。
また，最小値をもつことから，グラフは下に凸となる。
よって，$a>0$
①より，$y=ax^2-2a^2x+a^3+b$
これが $y=ax^2-2x+2$ と一致するから，
$$-2a^2=-2 \quad \cdots\cdots ② \qquad a^3+b=2 \quad \cdots\cdots ③$$
②より，$a^2=1$　　よって，$a=\pm 1$
$a>0$ より，$a=1$　　③より，$b=1$
ゆえに，$a=b=1$

問14 2次関数 $y=ax^2-4x+b$ は，$x=a$ で最大値1をとる。このとき，a, b の値を求めよ。

例題14★ 置き換えの利用

$-1 \leqq x \leqq 1$ のとき，関数 $y=(x^2-2x-1)^2-6(x^2-2x-1)+5$ の最大値，最小値を求めよ。

[解説] $t=x^2-2x-1$ とおくと，y は t についての2次関数で表される。t の定義域に注意して，最大値，最小値を求める。

[解答] $t=x^2-2x-1$ とおくと，
$$y=t^2-6t+5 \text{ と表される。}$$
$t=x^2-2x-1$ を変形すると，
$$t=(x-1)^2-2$$
$-1 \leqq x \leqq 1$ であるから，図1より，
$$-2 \leqq t \leqq 2$$
$y=t^2-6t+5$ を変形すると，
$$y=(t-3)^2-4$$
$-2 \leqq t \leqq 2$ であるから，図2より，
$t=-2$ で最大値 21，$t=2$ で最小値 -3 をとる。
ゆえに，最大値 21 （$x=1$ のとき）
　　　　最小値 -3 （$x=-1$ のとき）

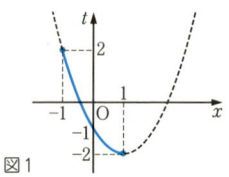

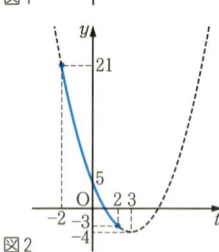

図1

図2

例題15★ 2変数で表された式の最大・最小

$x \geqq 0$，$y \geqq 0$，$x+y=1$ のとき，x^2+y^2 の最大値，最小値を求めよ。

[解説] 条件の式 $x+y=1$ を使って，x^2+y^2 を x（または y）の2次式で表す。このとき，x（または y）の定義域に注意すること。

[解答] $x+y=1$ より，$y=1-x$ ……①
また，$x \geqq 0$，$y \geqq 0$ より，$x \geqq 0$，$1-x \geqq 0$ であるから，
$$0 \leqq x \leqq 1$$
$z=x^2+y^2$ として，①を代入すると，
$$z=x^2+y^2=x^2+(1-x)^2=2x^2-2x+1$$
$$=2\left(x-\frac{1}{2}\right)^2+\frac{1}{2}$$
$0 \leqq x \leqq 1$ より，グラフは右の図のようになり，
$x=0$ または $x=1$ で最大値 1 をとり，$x=\frac{1}{2}$ で最小値 $\frac{1}{2}$ をとる。
ゆえに，最大値 1 （$x=0$，$y=1$ または $x=1$，$y=0$ のとき）
　　　　最小値 $\frac{1}{2}$ （$x=y=\frac{1}{2}$ のとき）

問15 ★ 次の問いに答えよ。
(1) $-2 \leq x < 1$ のとき，関数 $y = x^4 - 4x^2 + 5$ の最大値，最小値を求めよ。
(2) $x \geq 0$，$y \geq 0$，$2x + y = 4$ のとき，xy の最大値，最小値を求めよ。

例題16 ★★ 定義域に文字を含む関数の最大・最小

a を正の定数とする。$0 \leq x \leq a$ のとき，2次関数 $f(x) = x^2 - 2x - 2$ について，次の問いに答えよ。
(1) $f(x)$ の最大値を求めよ。
(2) $f(x)$ の最小値を求めよ。

解説 a の値によって最大・最小となる点が変わるから，その変わるところで場合分けをして考える。

解答 $f(x) = x^2 - 2x - 2 = (x-1)^2 - 3$ より，$y = f(x)$ のグラフは下に凸の放物線で，軸は直線 $x=1$，頂点は $(1, -3)$ である。
また，グラフの対称性から，$f(0) = f(2) = -2$

(1) (i) $0 < a < 2$ のとき　(ii) $a = 2$ のとき　(iii) $a > 2$ のとき

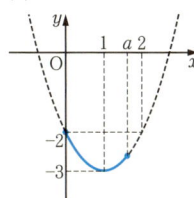

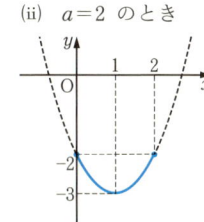

$x=0$ で最大となる。　$x=0, 2$ で最大となる。　$x=a$ で最大となる。

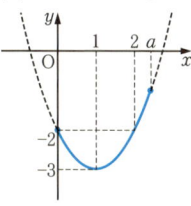

ゆえに，$0 < a < 2$ のとき，$x = 0$ で最大値 $f(0) = -2$
　　　　$a = 2$ のとき，$x = 0, 2$ で最大値 $f(0) = f(2) = -2$
　　　　$a > 2$ のとき，$x = a$ で最大値 $f(a) = a^2 - 2a - 2$

(2) (i) $0 < a < 1$ のとき　(ii) $a \geq 1$ のとき

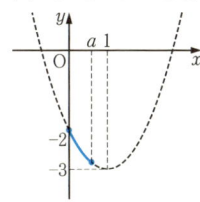

$x=a$ で最小となる。　$x=1$ で最小となる。

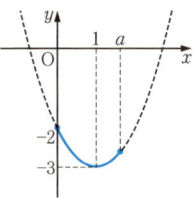

ゆえに，$0 < a < 1$ のとき，$x = a$ で最小値 $f(a) = a^2 - 2a - 2$
　　　　$a \geq 1$ のとき，$x = 1$ で最小値 $f(1) = -3$

参考 最大値と最小値を同時に問われている問題では，次のようにまとめて答えてもよい。ただし，最大値を $M(a)$，最小値を $m(a)$ とする。

$$0<a<1 \text{ のとき,} \quad M(a)=f(0)=-2, \quad m(a)=f(a)=a^2-2a-2$$
$$1\leq a<2 \text{ のとき,} \quad M(a)=f(0)=-2, \quad m(a)=f(1)=-3$$
$$a=2 \text{ のとき,} \quad M(a)=f(0)=f(2)=-2, \quad m(a)=f(1)=-3$$
$$a>2 \text{ のとき,} \quad M(a)=f(a)=a^2-2a-2, \quad m(a)=f(1)=-3$$

問16 ★★ a を正の定数とする。$0\leq x\leq a$ のとき，2次関数 $f(x)=\dfrac{1}{2}x^2-3x$ について，次の問いに答えよ。
(1) $f(x)$ の最大値を求めよ。
(2) $f(x)$ の最小値を求めよ。

例題17 ★★ **係数に文字を含む関数の最大・最小**

a を定数とする。$0\leq x\leq 2$ のとき，2次関数 $f(x)=x^2-2ax$ について，次の問いに答えよ。
(1) $f(x)$ の最大値を求めよ。
(2) $f(x)$ の最小値を求めよ。

解説 $y=f(x)=(x-a)^2-a^2$ のグラフは下に凸の放物線で，軸は直線 $x=a$ である。
(1) 最大値をとるのは，定義域の左端（$x=0$ のとき），右端（$x=2$ のとき）のどちらかであるから，$0\leq x\leq 2$ の中央の値 $x=1$ と軸 $x=a$ を比較して，$a<1$, $a=1$, $a>1$ に場合分けする。
(2) 最小値をとるのは，定義域の左端（$x=0$ のとき），右端（$x=2$ のとき），軸（$x=a$ のとき）のいずれかであるから，$a<0$, $0\leq a<2$, $a\geq 2$ に場合分けする。

解答 $f(x)=x^2-2ax=(x-a)^2-a^2$ より，$y=f(x)$ のグラフは下に凸の放物線で，軸は直線 $x=a$，頂点は $(a, -a^2)$ である。

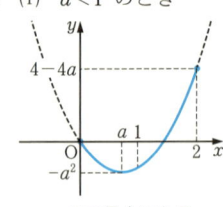

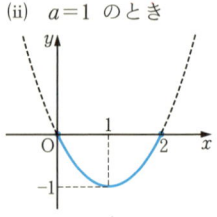

(1) (i) $a<1$ のとき　　(ii) $a=1$ のとき　　(iii) $a>1$ のとき

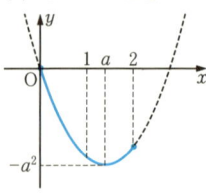

$x=2$ で最大となる。　$x=0, 2$ で最大となる。　$x=0$ で最大となる。

ゆえに，$a<1$ のとき，$x=2$ で最大値 $f(2)=4-4a$
　　　　$a=1$ のとき，$x=0, 2$ で最大値 $f(0)=f(2)=0$
　　　　$a>1$ のとき，$x=0$ で最大値 $f(0)=0$

(2) (i) $a<0$ のとき　　(ii) $0\leqq a<2$ のとき　　(iii) $a\geqq 2$ のとき

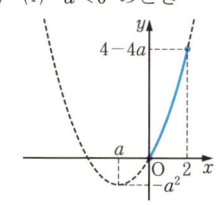

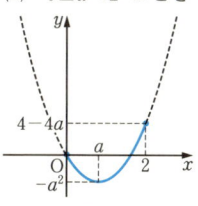

$x=0$ で最小となる。　　$x=a$ で最小となる。　　$x=2$ で最小となる。

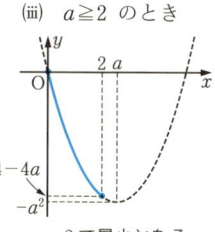

ゆえに，$a<0$ のとき，$x=0$ で最小値 $f(0)=0$

$0\leqq a<2$ のとき，$x=a$ で最小値 $f(a)=-a^2$

$a\geqq 2$ のとき，$x=2$ で最小値 $f(2)=4-4a$

参考　例題 16 と同様に，最大値を $M(a)$，最小値を $m(a)$ として，次のようにまとめて答えてもよい。

$a<0$ のとき，　　$M(a)=f(2)=4-4a$,　　$m(a)=f(0)=0$

$0\leqq a<1$ のとき，$M(a)=f(2)=4-4a$,　　$m(a)=f(a)=-a^2$

$a=1$ のとき，　　$M(a)=f(0)=f(2)=0$,　　$m(a)=f(1)=-1$

$1<a<2$ のとき，$M(a)=f(0)=0$,　　　　　$m(a)=f(a)=-a^2$

$a\geqq 2$ のとき，　　$M(a)=f(0)=0$,　　　　　$m(a)=f(2)=4-4a$

例題 16，17 のような，場合分けを必要とする最大値，最小値問題は，次のようなことがらに注意して考えるとよい。

> **■ポイント**
> 下に凸の放物線 $y=f(x)$ の軸を直線 $x=a$ とする。
> [$p\leqq x\leqq q$ における最大値]
> 定義域 $p\leqq x\leqq q$ の中央の値 $\dfrac{p+q}{2}$ と a との大小関係を考えて，
> $$a<\dfrac{p+q}{2},\quad a=\dfrac{p+q}{2},\quad a>\dfrac{p+q}{2}$$ で場合分けする。
> [$p\leqq x\leqq q$ における最小値]
> 定義域 $p\leqq x\leqq q$ の両端の値 p，q と a との大小関係を考えて，
> $$a<p,\quad p\leqq a<q,\quad a\geqq q$$ で場合分けする。

問17 ** a を定数とする。$0\leqq x\leqq 1$ のとき，2 次関数 $f(x)=-\dfrac{1}{2}x^2+ax+1$ について，次の問いに答えよ。

(1) $f(x)$ の最大値を求めよ。

(2) $f(x)$ の最小値を求めよ。

研究　無理関数 $y=\sqrt{ax}$ のグラフ

関数 $y=\sqrt{x}$, $y=2\sqrt{1-x}$ のように，y が根号内に x を含む式で表されるとき，y を x の**無理関数**という。無理関数の定義域は，根号内が 0 以上となる x の範囲で，$y=\sqrt{x}$ の定義域は $x \geq 0$，$y=2\sqrt{1-x}$ の定義域は $x \leq 1$ である。

ここでは，$y=\sqrt{ax}$ で表される無理関数について考えてみよう。

● 無理関数 $y=\sqrt{x}$ のグラフ

まず，準備として，直線 $y=x$ に関する対称移動について考えてみよう。

右の図のように，点 $P(p,\ q)$ と直線 $y=x$ に関して対称な点を P' とすると，点 $(p,\ 0)$ は点 $(0,\ p)$ に，点 $(0,\ q)$ は点 $(q,\ 0)$ に移ることから，$P(p,\ q)$ を直線 $y=x$ に関して対称移動した点は $P'(q,\ p)$ であることがわかる。

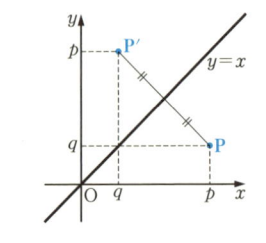

すなわち，点 $P(p,\ q)$ とその x 座標と y 座標を入れかえた点 $P'(q,\ p)$ は，直線 $y=x$ に関して対称である。

無理関数 $y=\sqrt{x}$ ……① について，定義域は $x \geq 0$，値域は $y \geq 0$ である。
①の両辺を 2 乗すると，$y^2=x$（$y \geq 0$）
すなわち，$x=y^2$（$y \geq 0$）
これは，$y=x^2$（$x \geq 0$）……② の x と y を入れかえたものであるから，①と②のグラフは直線 $y=x$ に関して対称となる。

したがって，①のグラフは右の図のように，放物線 $y=x^2$ の右半分を直線 $y=x$ に関して対称移動したものである。

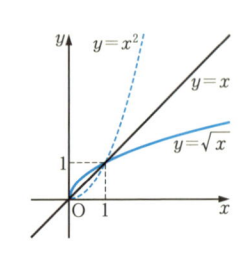

つぎに，無理関数 $y=\sqrt{x}$ のグラフを
x 軸に関して対称移動すると，

$\qquad y=-\sqrt{x}$　　　定義域 $x \geq 0$，値域 $y \leq 0$

y 軸に関して対称移動すると，

$\qquad y=\sqrt{-x}$　　　定義域 $x \leq 0$，値域 $y \geq 0$

原点に関して対称移動すると，

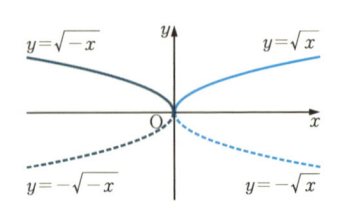

$\qquad y=-\sqrt{-x}$　　定義域 $x \leq 0$，値域 $y \leq 0$

と表され，これらのグラフは右の図のように，原点を頂点とし，x 軸を軸とする放物線の半分となる。

○**無理関数 $y=\sqrt{ax}$ および $y=-\sqrt{ax}$ ($a \neq 0$) のグラフ**

$y=\sqrt{ax}$ は，

　　放物線 $y=\dfrac{1}{a}x^2$ の $x \geq 0$ の部分

$y=-\sqrt{ax}$ は，

　　放物線 $y=\dfrac{1}{a}x^2$ の $x \leq 0$ の部分

を，それぞれ直線 $y=x$ に関して対称移動したものである。

グラフは，原点を頂点とし，x 軸を軸とする放物線の半分となる。

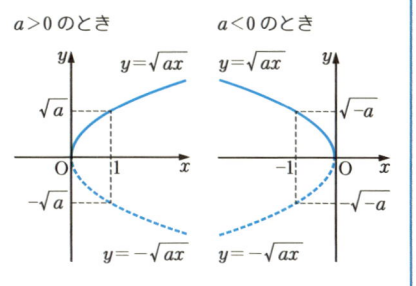

例 無理関数 $y=-\sqrt{-3x}$ のグラフは，
定義域が $x \leq 0$，値域が $y \leq 0$ で，
放物線 $y=-\dfrac{1}{3}x^2$ の左半分を，
直線 $y=x$ に関して対称移動したもので，
右の図のようになる。

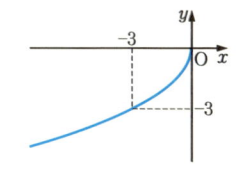

参考 $y=-\sqrt{-3x}=\sqrt{3}(-\sqrt{-x})$ より，$y=-\sqrt{-3x}$ のグラフは，$y=-\sqrt{-x}$ のグラフを y 軸方向に $\sqrt{3}$ 倍したものである。

例題18★★ **無理関数のグラフ**
　　関数 $y=\sqrt{2x-6}$ の定義域と値域を求め，そのグラフをかけ。

[解説] 定義域は，根号内が 0 以上となる x の範囲である。
　グラフは $y=\sqrt{2x-6}=\sqrt{2(x-3)}$ より，$y=\sqrt{2x}$ のグラフを x 軸方向に 3 平行移動したものである。

[解答] 定義域は，$2x-6 \geq 0$ より，$x \geq 3$
　　このとき，値域は，$y \geq 0$
　　また，$y=\sqrt{2x-6}=\sqrt{2(x-3)}$ であるから，
　　$y=\sqrt{2x-6}$ のグラフは，$y=\sqrt{2x}$ のグラフを
　　x 軸方向に 3 平行移動したものである。
　　グラフは右の図

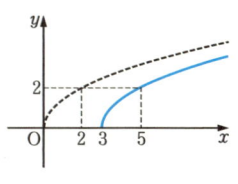

問18★★ 次の関数のグラフをかけ。

(1) $y=\sqrt{8-2x}$ 　　(2) $y=-\sqrt{-x+3}$

演習問題

8 2次関数 $y=ax^2+bx+c$ のグラフは，2点 $(3, 5)$，$(4, 2)$ を通り，$x=2$ で最大値をとる。このとき，a, b, c の値を求めよ。

9 最大値が $\frac{9}{4}$ で，そのグラフが2点 $(1, 0)$，$(-1, 2)$ を通るような2次関数を求めよ。

10 x が整数の値をとるとき，$3x^2-7x+1$ を最小にする整数 x と，そのときの最小値を求めよ。

11 2次関数 $y=x^2-2ax+a$ の最小値を $m(a)$ とする。a の値を変化させるとき，$m(a)$ の最大値を求めよ。

12 * $0 \leq x \leq 5$ のとき，関数 $y=|x-1|^2+2|x-1|+3$ の最大値，最小値を求めよ。

13 * $x-2y=1$ のとき，x^2-xy+y^2 の最小値を求めよ。

14 * $y^2=4x$ のとき，x^2-6x+y^2 の最小値を求めよ。

15 * 関数 $y=x^4+4x^3+5x^2+2x+3$ について，次の問いに答えよ。
(1) $t=x^2+2x$ とおくとき，y を t の式で表せ。
(2) $-2 \leq x \leq 1$ のとき，y の最大値，最小値と，そのときの x の値をそれぞれ求めよ。

16 ** 2次関数 $y=x^2-2ax+4$ の値が，$0<x<1$ においてつねに正であるためには，a はどのような値をとればよいか。

17 * 放物線 $y=x^2+x+1$ と x 軸上の点 $P(t, 0)$ がある。放物線上の2点 Q，R の x 座標をそれぞれ $t-2$，$t+6$ とし，△PQR の面積を S とする。
(1) S を t の式で表せ。
(2) S の最小値とそのときの点 Q の座標を求めよ。

総合問題

1★ 放物線 $y=x^2-8x+7$ を平行移動した放物線 C は点 $(2, 4)$ を通り，かつ，頂点が直線 $y=2x+1$ 上にある。放物線 C の方程式を求めよ。

2★ ある放物線を x 軸に関して対称移動し，つぎに，x 軸方向に -2，y 軸方向に 3 だけ平行移動し，さらに，x 軸に関して対称移動したところ，放物線 $y=x^2$ となった。最初の放物線の方程式を求めよ。

3★ 放物線 $y=ax^2+bx+4$ を C_1 とし，C_1 と直線 $y=1$ に関して対称である放物線を C_2，C_2 と直線 $x=1$ に関して対称である放物線を C_3 とする。放物線 C_2 が点 $(-2, -10)$ を通り，放物線 C_3 が点 $(3, -2)$ を通るとき，a，b の値を求めよ。

4★ 関数 $y=-x^2+4|x+1|$ の定義域が $-2 \leq x \leq 2$ であるとき，最大値，最小値を求めよ。

5★ 2次関数 $y=ax^2+4ax+b$ が，$-1 \leq x \leq 2$ において最大値 5，最小値 1 をとるとき，a，b の値を求めよ。

6★★ 2次関数 $y=x^2-2ax+6a$ が，$1 \leq x \leq 2$ において最小値 9 をとるとき，a の値を求めよ。

7★★ 定数 t について，$t \leq x \leq t+1$ における2次関数 $f(x)=x^2-6x+2$ の最小値 $m(t)$ を求めよ。

8★★ 次の □ にあてはまる数を求めよ。
　実数 x，y の2次式 $4x^2+5y^2-4xy-6y+2$ は，$x=$ □(ア)，$y=$ □(イ) のとき，最小値 □(ウ) をとる。

9★★ a を正の定数とする。x の2次関数 $y=a^2x^2-2ax-1$ の $1 \leq x \leq 3$ における最大値を M，最小値を m とする。
(1) M，m をそれぞれ a を使って表せ。
(2) $M-m=\dfrac{1}{3}$ であるとき，a の値を求めよ。

3章　2次関数と2次方程式・2次不等式

1　2次関数のグラフと2次方程式

1　2次方程式と判別式

2次方程式 $ax^2+bx+c=0$（a, b, c は定数，$a \neq 0$）を解くには，次の2つの解法がある。

　　(i) 因数分解を利用する。　　(ii) 解の公式を利用する。

例　2次方程式 $2x^2-x-6=0$ を解いてみよう。　←　因数分解を利用する
　　　左辺を因数分解すると，
　　　　　　　$(2x+3)(x-2)=0$
　　　ゆえに，$x=-\dfrac{3}{2}$, 2

$$\begin{array}{ccc} 2 & 3 & \longrightarrow & 3 \\ 1 & -2 & \longrightarrow & \underline{-4} \\ & & & -1 \end{array}$$

例　2次方程式 $2x^2-x-4=0$ を解いてみよう。　←　解の公式を利用する
　　　$2x^2-x-4=0$ より，
　　　　$x = \dfrac{-(-1) \pm \sqrt{(-1)^2-4\cdot 2\cdot(-4)}}{2\cdot 2}$
　　　　　$= \dfrac{1\pm\sqrt{33}}{4}$

> 2次方程式 $ax^2+bx+c=0$ の解は，$b^2-4ac \geqq 0$ のとき
> $$x=\dfrac{-b\pm\sqrt{b^2-4ac}}{2a}$$

2次方程式 $ax^2+bx+c=0$ は，$b^2-4ac \geqq 0$ のとき，
実数の解 $x=\dfrac{-b\pm\sqrt{b^2-4ac}}{2a}$ $\left(\text{とくに，}b=2b' \text{ のとき } x=\dfrac{-b'\pm\sqrt{b'^2-ac}}{a}\right)$
をもつ。実数の解を単に**実数解**という。

$b^2-4ac=0$ のとき，2つの解は重なって一致し，1つの実数解をもつ。この1つの解を**重解**という。

$b^2-4ac<0$ のとき，実数解をもたない。

2次方程式 $ax^2+bx+c=0$ の実数解の個数は，次の表のようになる。

b^2-4ac の符号	$b^2-4ac>0$	$b^2-4ac=0$	$b^2-4ac<0$
実数解	$\dfrac{-b\pm\sqrt{b^2-4ac}}{2a}$	$-\dfrac{b}{2a}$	なし
実数解の個数	2個	1個	0個

このことから，2次方程式 $ax^2+bx+c=0$ の実数解の個数は，b^2-4ac の符号で判別できることがわかる。

この b^2-4ac を，2次方程式の**判別式**（discriminant）といい，記号 D で表す。すなわち，$D=b^2-4ac$ である。

●**2次方程式の解の判別**

2次方程式 $ax^2+bx+c=0$ の判別式を $D=b^2-4ac$ とすると，

$D>0 \iff$ 異なる2つの実数解をもつ
$D=0 \iff$ 重解をもつ $\Big\}$ $D\geqq 0 \iff$ 実数解をもつ
$D<0 \iff$ 実数解をもたない

また，2次方程式 $ax^2+2b'x+c=0$ では，$D=(2b')^2-4ac=4(b'^2-ac)$ であるから，$\dfrac{D}{4}=b'^2-ac$ の符号によって，実数解の個数を調べることができる。

注意 命題「$P \Longrightarrow Q$」が正しくて，その命題の逆「$Q \Longrightarrow P$」も正しいとき，記号 $\iff$ を使って「$P \iff Q$」と書くことがある。

例題1　**2次方程式が実数解をもつ条件**

次の2次方程式が，（　　）で示された解をもつような定数 k の値の範囲を求めよ。

(1) $4x^2+3x+k=0$ （実数解）

(2) $kx^2+(2k+1)x+k=0$ （異なる2つの実数解）

解説　2次方程式 $ax^2+bx+c=0$ の判別式 $D=b^2-4ac$ を計算し，その符号を調べる。
(2) 2次方程式であるから，2次の係数 k は0でないことに注意する。

解答　(1) $4x^2+3x+k=0$ の判別式を D とすると，$D=3^2-4\cdot 4\cdot k=9-16k$
　　　実数解をもつための条件は，$D\geqq 0$

　　　よって，$9-16k\geqq 0$　　ゆえに，$k\leqq \dfrac{9}{16}$

(2) $kx^2+(2k+1)x+k=0$ は2次方程式であるから，$k\neq 0$
　　この2次方程式の判別式を D とすると，$D=(2k+1)^2-4\cdot k\cdot k=4k+1$
　　異なる2つの実数解をもつための条件は，$D>0$

　　よって，$4k+1>0$　　ゆえに，$k>-\dfrac{1}{4}$

　　$k\neq 0$ であるから，$-\dfrac{1}{4}<k<0$，$0<k$

注意　(2)の答えは，$k>-\dfrac{1}{4}$（ただし，$k\neq 0$）と書いてもよい。

1―2次関数のグラフと2次方程式

例題2　2次方程式が重解をもつ条件

2次方程式 $x^2-(k-3)x+k=0$ が重解をもつように，定数 k の値を定め，そのときの重解を求めよ。

解説　2次方程式が重解をもつための条件は，判別式を D とすると，$D=0$ である。

解答　$x^2-(k-3)x+k=0$ の判別式を D とすると，
$$D=\{-(k-3)\}^2-4\cdot 1\cdot k=k^2-10k+9=(k-1)(k-9)$$
重解をもつための条件は，$D=0$
よって，$(k-1)(k-9)=0$　　ゆえに，$k=1, 9$
$k=1$ のとき，$x^2+2x+1=0$ より $(x+1)^2=0$　　よって，$x=-1$
$k=9$ のとき，$x^2-6x+9=0$ より $(x-3)^2=0$　　よって，$x=3$
ゆえに，$k=1$ のとき，重解 $x=-1$
　　　　$k=9$ のとき，重解 $x=3$

参考　2次方程式 $ax^2+bx+c=0$ が重解をもつとき，その重解は $x=-\dfrac{b}{2a}$ である。

この問題では，$a=1$，$b=-(k-3)$ であるから，$x=\dfrac{k-3}{2}$

これに $k=1$ を代入すると $x=-1$，$k=9$ を代入すると $x=3$ となる。
このように，重解を求めてもよい。

問1　次の方程式が，（　　）で示された解をもつような定数 k の値の範囲を求めよ。
(1)　$2x^2+8x+k+5=0$　（異なる2つの実数解）
(2)　$(k-2)x^2+3x-1=0$　（実数解）

問2　2次方程式 $2x^2-kx+8=0$ が重解をもつように，定数 k の値を定め，そのときの重解を求めよ。

2　2次関数のグラフと x 軸の位置関係

2次関数 $y=ax^2+bx+c$ のグラフが x 軸と共有点をもつとき，その x 座標は，$y=0$ となる x の値である。すなわち，この値は2次方程式 $ax^2+bx+c=0$ の実数解である。

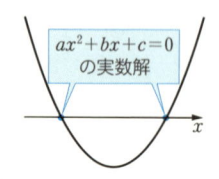

一般に次のことがいえる。

> $y=f(x)$ のグラフと x 軸の共有点の x 座標は，方程式 $f(x)=0$ の実数解である。

例 2次関数 $y=2x^2-8x+7$ のグラフと x 軸の共有点の座標を求めてみよう。
x 軸との共有点の x 座標は，
2次方程式 $2x^2-8x+7=0$ の実数解である。
これを解くと，$x=\dfrac{4\pm\sqrt{4^2-2\cdot7}}{2}=\dfrac{4\pm\sqrt{2}}{2}$
ゆえに，共有点の座標は，
$$\left(\dfrac{4-\sqrt{2}}{2},\ 0\right),\ \left(\dfrac{4+\sqrt{2}}{2},\ 0\right)$$

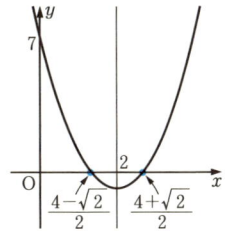

2次関数 $y=ax^2+bx+c$ のグラフと x 軸の共有点の個数は，
2次方程式 $ax^2+bx+c=0$ の実数解の個数と一致する。そして，その個数は，
判別式 $D=b^2-4ac$ の符号によって決まる。

したがって，2次関数 $y=ax^2+bx+c$ のグラフと x 軸の共有点の個数は，次のようにまとめることができる。

D の符号	$D>0$	$D=0$	$D<0$
x 軸との位置関係	異なる2点で交わる	1点で接する	共有点をもたない
共有点の個数	2個	1個	0個

$D=0$ のとき，2次関数 $y=ax^2+bx+c$ のグラフと x 軸の共有点は1個である。このとき，グラフは x 軸に**接する**といい，その共有点を**接点**という。

例 2次関数 $y=x^2+2x$，$y=x^2+2x+1$，$y=x^2+2x+2$ のグラフと x 軸の位置関係について考えてみよう。

$y=x^2+2x$
$\ =(x+1)^2-1$
頂点は $(-1,\ -1)$
$x^2+2x=0$
とすると，
$D=2^2-4\cdot1\cdot0=4$
よって，$D>0$

$y=x^2+2x+1$
$\ =(x+1)^2$
頂点は $(-1,\ 0)$
$x^2+2x+1=0$
とすると，
$D=2^2-4\cdot1\cdot1=0$
よって，$D=0$

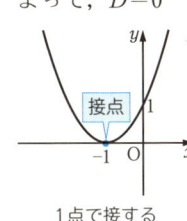

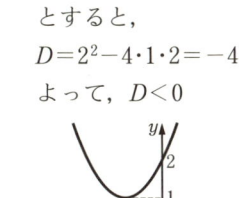

$y=x^2+2x+2$
$\ =(x+1)^2+1$
頂点は $(-1,\ 1)$
$x^2+2x+2=0$
とすると，
$D=2^2-4\cdot1\cdot2=-4$
よって，$D<0$

異なる2点で交わる　　　1点で接する　　　共有点をもたない

● 2次関数のグラフと x 軸の位置関係

2次関数 $y=ax^2+bx+c$ のグラフと x 軸の位置関係は，次のように 2次方程式 $ax^2+bx+c=0$ の判別式 $D=b^2-4ac$ の符号によって決まる。

$D>0 \iff$ 異なる2点で交わる
$D=0 \iff$ 1点で接する
$D<0 \iff$ 共有点をもたない

問3 次の2次関数のグラフと x 軸の共有点の個数を求めよ。
(1) $y=4x^2+9x+5$ (2) $y=2x^2-10x+13$ (3) $y=x^2-2\sqrt{2}\,x+2$

例題3　2次関数のグラフと x 軸の位置関係

2次関数 $y=9x^2-6(k+2)x+k^2$ ……(*) について，次の問いに答えよ。
(1) (*)のグラフと x 軸の共有点の個数は，定数 k の値によってどのように変わるか。
(2) (*)のグラフが x 軸に接するとき，その接点の座標を求めよ。

解説　2次関数 $y=9x^2-6(k+2)x+k^2$ のグラフと x 軸の共有点の個数は，2次方程式 $9x^2-6(k+2)x+k^2=0$ の判別式の符号によって決まる。

解答　2次方程式 $9x^2-6(k+2)x+k^2=0$ の判別式を D とすると，

$$\frac{D}{4}=\{-3(k+2)\}^2-9k^2=9(4k+4)=36(k+1)$$

(1) $D>0$ となるのは $k>-1$ のとき，$D=0$ となるのは $k=-1$ のとき，$D<0$ となるのは $k<-1$ のときである。
ゆえに，共有点の個数は，
　　$k>-1$ のとき 2個，$k=-1$ のとき 1個，$k<-1$ のとき 0個

(2) x 軸に接するための条件は，$D=0$
よって，$36(k+1)=0$　　ゆえに，$k=-1$
このとき，$9x^2-6x+1=(3x-1)^2=0$ より，$x=\dfrac{1}{3}$
ゆえに，接点の座標は，$\left(\dfrac{1}{3},\ 0\right)$

問4 次の問いに答えよ。
(1) 2次関数 $y=k^2x^2+2(k-1)x+1$ のグラフと x 軸の共有点の個数は，定数 k の値によってどのように変わるか。
(2) 2次関数 $y=x^2-kx+k+3$ のグラフが x 軸に接するように，定数 k の値を定め，そのときの接点の座標を求めよ。

例題4★　グラフが x 軸と2点で交わる2次関数

2次関数 $y=x^2-ax-6$ のグラフが, x 軸と異なる2点で交わることを示せ。また, 2つの共有点を A, B とするとき, 線分 AB の長さが7となるように, 定数 a の値を定めよ。

[解説]　グラフが x 軸と異なる2点で交わるのは, 2次方程式 $x^2-ax-6=0$ の判別式 D について, $D>0$ となるときである。

[解答]　2次方程式 $x^2-ax-6=0$ ……① の判別式を D とすると,

$$D=(-a)^2-4\cdot1\cdot(-6)=a^2+24$$

$a^2 \geq 0$ であるから, $D>0$

ゆえに, $y=x^2-ax-6$ のグラフは, x 軸と異なる2点で交わる。

また, ①を解くと, $x=\dfrac{-(-a)\pm\sqrt{a^2+24}}{2}=\dfrac{a\pm\sqrt{a^2+24}}{2}$

2点 A, B の x 座標をそれぞれ α, β $(\alpha<\beta)$ とすると,

$\alpha=\dfrac{a-\sqrt{a^2+24}}{2}$, $\beta=\dfrac{a+\sqrt{a^2+24}}{2}$ であるから,

$$AB=\beta-\alpha=\dfrac{a+\sqrt{a^2+24}}{2}-\dfrac{a-\sqrt{a^2+24}}{2}=\sqrt{a^2+24}$$

$AB=7$ より, $\sqrt{a^2+24}=7$

両辺を2乗して, $a^2+24=49$　　　よって, $a^2=25$

ゆえに, $a=\pm5$

● 解と係数の関係

2次関数 $y=ax^2+bx+c$ のグラフが, x 軸と2点 $(\alpha, 0)$, $(\beta, 0)$ で交わるとき, その方程式は $y=a(x-\alpha)(x-\beta)$ と表される。このとき,

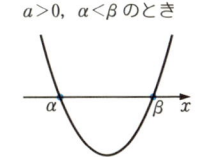

$$a(x-\alpha)(x-\beta)=ax^2-a(\alpha+\beta)x+a\alpha\beta$$

これが, ax^2+bx+c とつねに等しくなることから,

$-a(\alpha+\beta)=b$ より, $\alpha+\beta=-\dfrac{b}{a}$　　　$a\alpha\beta=c$ より, $\alpha\beta=\dfrac{c}{a}$

が成り立つ。これを, 2次方程式の**解と係数の関係**という。

● 2次方程式の解と係数の関係

2次方程式 $ax^2+bx+c=0$ が2つの解 α, β をもつとき,

$$\alpha+\beta=-\dfrac{b}{a} \qquad \alpha\beta=\dfrac{c}{a}$$

例 2次関数 $y=2x^2-7x-8$ のグラフが，x 軸と 2 点 $(\alpha, 0)$，$(\beta, 0)$ で交わるとき，$|\beta-\alpha|$ の値を求めてみよう。

2次方程式 $2x^2-7x-8=0$ の判別式を D とすると，
$$D=(-7)^2-4\cdot 2\cdot(-8)=113$$
$D>0$ であるから，2次関数 $y=2x^2-7x-8$ のグラフは，x 軸と異なる 2 点で交わる。

2次方程式 $2x^2-7x-8=0$ の 2 つの解が α，β であるから，

解と係数の関係より，$\alpha+\beta=-\dfrac{-7}{2}=\dfrac{7}{2}$，$\alpha\beta=\dfrac{-8}{2}=-4$

$|\beta-\alpha|^2=(\beta-\alpha)^2=(\alpha+\beta)^2-4\alpha\beta$ より，
$$|\beta-\alpha|^2=\left(\dfrac{7}{2}\right)^2-4\cdot(-4)=\dfrac{113}{4}$$
$|\beta-\alpha|>0$ であるから，$|\beta-\alpha|=\dfrac{\sqrt{113}}{2}$

参考 前ページの例題 4 は，次のように解と係数の関係を利用して解いてもよい。
2次方程式 $x^2-ax-6=0$ の 2 つの解を α，β とすると，
解と係数の関係より，$\alpha+\beta=a$，$\alpha\beta=-6$
$|\beta-\alpha|^2=(\beta-\alpha)^2=(\alpha+\beta)^2-4\alpha\beta=a^2-4\cdot(-6)=a^2+24$
$|\beta-\alpha|=7$ より，$a^2+24=7^2$　　よって，$a^2=25$　　ゆえに，$a=\pm 5$

問 5 ★ 2次方程式 $3x^2-5x+1=0$ の 2 つの解を α，β とするとき，次の値を求めよ。

(1) $\alpha+\beta$　　　(2) $\alpha\beta$　　　(3) $\alpha^2+\beta^2$　　　(4) $\alpha^3+\beta^3$

問 6 ★ 2次関数 $y=-2x^2+ax+5$ のグラフが，x 軸と異なる 2 点で交わることを示せ。また，2 つの共有点を A，B とするとき，線分 AB の長さが 5 となるように，定数 a の値を定めよ。

3 放物線と直線の位置関係

放物線 $y=ax^2+bx+c$ と直線 $y=mx+n$ の共有点の個数について考えてみよう。

この放物線と直線の共有点の x 座標は，2次方程式 $ax^2+bx+c=mx+n$ すなわち
$ax^2+(b-m)x+c-n=0$ の実数解である。

この 2 次方程式の判別式を D とすると，
$$D=(b-m)^2-4a(c-n)\quad となる。$$

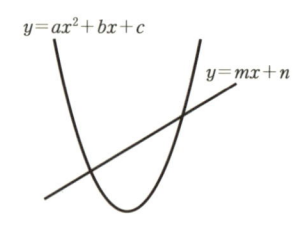

放物線と直線の共有点の個数は，この2次方程式の実数解の個数と一致する。そして，その個数は，この2次方程式の判別式 D の符号によって決まる。

したがって，次のようにまとめることができる。

D の符号	$D>0$	$D=0$	$D<0$
放物線と直線の位置関係	異なる2点で交わる	1点で接する	共有点をもたない
共有点の個数	2個	1個	0個

$D=0$ のとき，放物線と直線の共有点は1個である。このとき，放物線と直線は**接する**といい，その共有点を**接点**という。

例題5　放物線と直線の共有点の個数

放物線 $y=x^2+2x-3$ ……① と直線 $y=4x+k$ ……② の共有点の個数を，定数 k の値で分類して答えよ。

解説　①と②から y を消去して得られる2次方程式の実数解の個数と，放物線①と直線②の共有点の個数は一致する。

解答　①と②から y を消去して，$x^2+2x-3=4x+k$
整理すると，$x^2-2x-3-k=0$ ………③
③の判別式を D とすると，
$$\frac{D}{4}=(-1)^2-1\cdot(-3-k)=k+4$$
$k>-4$ のとき，$D>0$
　③は異なる2つの実数解をもち，共有点は2個
$k=-4$ のとき，$D=0$
　③は重解をもち，共有点は1個（接点）
$k<-4$ のとき，$D<0$
　③は実数解をもたないから，共有点はない
以上より，放物線①と直線②の共有点の個数は，
　$k>-4$ のとき 2個，$k=-4$ のとき 1個，$k<-4$ のとき 0個

問7　放物線 $y=-x^2+2x+3$ と次の直線は共有点をもつか。もつときは，その座標を求めよ。

(1) $y=4x-5$　　　　(2) $y=\dfrac{1}{4}x+5$　　　　(3) $y=-2x+7$

問8　放物線 $y=x^2-2kx$ と直線 $y=3x-k^2$ の共有点の個数を，定数 k の値で分類して答えよ。

例題6　2つの放物線の共有点

次の問いに答えよ。

(1) 2つの放物線 $y=x^2-2x+6$ と $y=2x^2-x+4$ の共有点の座標を求めよ。

(2) 2つの放物線 $y=x^2-2x+6$ と $y=-x^2+4x+k$ が，2つの共有点をもつような定数 k の値の範囲を求めよ。

|解説| 放物線と直線の共有点を求めるように，2つの放物線の共有点の x 座標は，2つの放物線の方程式から y を消去して得られる方程式を解くことによって求められる。

|解答| (1) $y=x^2-2x+6$ ……①，$y=2x^2-x+4$ ……② とする。

①と②から y を消去して，
$$x^2-2x+6=2x^2-x+4$$
整理すると，$x^2+x-2=0$
左辺を因数分解すると，
$$(x+2)(x-1)=0$$
よって，　$x=-2, 1$
①に代入して，$x=-2$ のとき $y=14$，$x=1$ のとき $y=5$
ゆえに，放物線①と②の共有点の座標は，$(-2, 14), (1, 5)$

(2) $y=x^2-2x+6$ ……①，$y=-x^2+4x+k$ ……③ とする。

①と③から y を消去して，
$$x^2-2x+6=-x^2+4x+k$$
整理すると，$2x^2-6x+6-k=0$
この2次方程式の判別式を D とすると，
$$\frac{D}{4}=(-3)^2-2(6-k)=2k-3$$
共有点を2個もつとき，$D>0$ であるから，
$2k-3>0$ より，$k>\dfrac{3}{2}$

ゆえに，放物線①と③が2つの共有点をもつような k の値の範囲は，$k>\dfrac{3}{2}$

問9　次の2つの放物線は共有点をもつか。もつときは，その座標を求めよ。

(1) $\begin{cases} y=2x^2 \\ y=-x^2+9x-6 \end{cases}$　　(2) $\begin{cases} y=x^2+x+2 \\ y=-x^2+2x \end{cases}$　　(3) $\begin{cases} y=2x^2-x+4 \\ y=2x^2+7x-8 \end{cases}$

問10　2つの放物線 $y=5x^2+3x-2$ と $y=-x^2-x+k$ の共有点の個数を，定数 k の値で分類して答えよ。

コラム **3次関数のグラフ**

1次関数のグラフは直線，2次関数のグラフは放物線とグラフの形は決まっています。3次関数のグラフはどのような形になるでしょうか。3次関数のグラフと x 軸の位置関係を調べることによって考えてみましょう。

(例) 3次関数 $y=x^3$ ……①, $y=x(x^2+1)$ ……②, $y=x(x^2-1)$ ……③

のグラフは，どれも原点を通り，原点に関して点対称である。

① $x^3=0$ より，$x=0$
(このような解を3重解という。)
グラフは x 軸と原点のみを共有する。
グラフは下の図のように，x 軸に接する。

② $x(x^2+1)=0$ より，
$x=0$ または $x^2+1=0$
よって，$x=0$
グラフは x 軸と原点のみを共有する。

③ $x(x^2-1)=0$ より，
$x=0$ または $x^2-1=0$
よって，$x=-1, 0, 1$
グラフは x 軸と原点および $(-1, 0)$，$(1, 0)$ を共有する。

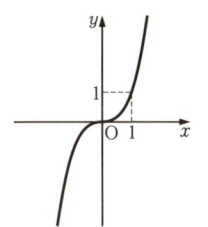

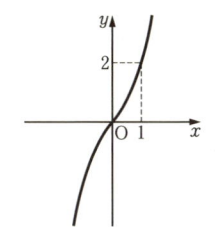

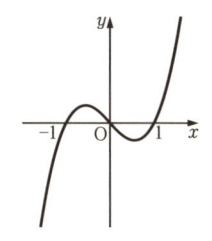

この例から，$a>0$ のとき，3次関数 $y=ax(x^2+k)$ のグラフは，k の値によって上の3つの図のうち，いずれかの形となることがわかる。
($a<0$ のときは，それぞれを x 軸に関して対称移動したグラフとなる。)

一般の3次関数 $y=ax^3+bx^2+cx+d$ のグラフは，平行移動することによって，$y=ax(x^2+k)$ の形のグラフに移る。$a>0$ のとき，3次関数 $y=ax(x^2+k)$ のグラフは，k の値によって次の3通りに分類される。

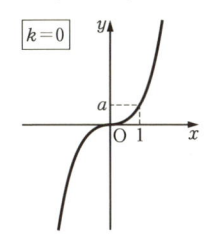

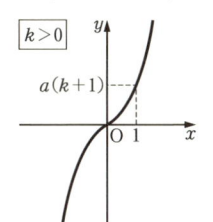

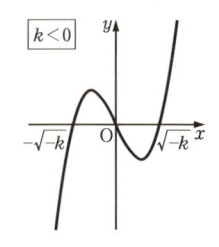

2 2次関数のグラフと2次不等式

1 2次不等式の解

不等式のすべての項を左辺に移項して整理したとき，$ax^2+bx+c>0$，$ax^2+bx+c\leqq 0$（a, b, c は定数，$a\neq 0$）などのように，左辺が x の2次式になる不等式を，x についての**2次不等式**という。

2次不等式を2次関数のグラフを利用して解いてみよう。

たとえば，$y=x^2-4x+3$ のグラフは下に凸の放物線で，図1のようになる。2次方程式 $x^2-4x+3=0$ を解くと，$x=1$, 3 である。このことから，
2次不等式 $x^2-4x+3>0$ の解は，
図1の $y>0$ となる範囲であるから，$x<1$, $3<x$
2次不等式 $x^2-4x+3<0$ の解は，
図1の $y<0$ となる範囲であるから，$1<x<3$

図1

同様に，$y=x^2-4x+4$ のグラフは，図2のようになり，x 軸と接する。このことから，
2次不等式 $x^2-4x+4>0$ の解は，
$x<2$, $2<x$（$x\neq 2$ のすべての実数としてもよい）
2次不等式 $x^2-4x+4<0$ の解は，なし

図2

また，$y=x^2-4x+5$ のグラフは，図3のようになり，x 軸と共有点をもたない。このことから，
2次不等式 $x^2-4x+5>0$ の解は，すべての実数
2次不等式 $x^2-4x+5<0$ の解は，なし

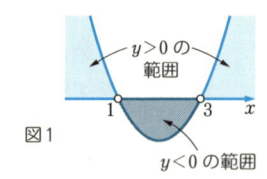

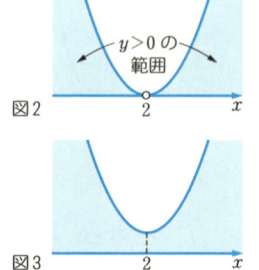

図3

2次不等式の解は，次のようにまとめることができる（ただし，$a>0$, $\alpha<\beta$）。

> $ax^2+bx+c=0$ が異なる2つの実数解 α, β をもつとき，
> 　　$ax^2+bx+c>0$ の解は，$x<\alpha$, $\beta<x$
> 　　$ax^2+bx+c<0$ の解は，$\alpha<x<\beta$
> $ax^2+bx+c=0$ が重解 $x=\alpha$ をもつとき，
> 　　$ax^2+bx+c>0$ の解は，$x<\alpha$, $\alpha<x$
> 　　$ax^2+bx+c<0$ の解は，なし
> $ax^2+bx+c=0$ が実数解をもたないとき，
> 　　$ax^2+bx+c>0$ の解は，すべての実数
> 　　$ax^2+bx+c<0$ の解は，なし

$a>0$ のとき，2次不等式 $ax^2+bx+c>0$, $ax^2+bx+c<0$ などの解は，2次方程式 $ax^2+bx+c=0$ の判別式を D とすると，次の表のようにまとめられる。

D の符号	$D>0$	$D=0$	$D<0$
$y=ax^2+bx+c$ のグラフ			
$ax^2+bx+c=0$ の解	異なる2つの実数解 $x=\alpha, \beta$ $(\alpha<\beta)$	重解 $x=\alpha$	実数解なし
$ax^2+bx+c>0$ の解	$x<\alpha, \beta<x$	$x<\alpha, \alpha<x$	すべての実数
$ax^2+bx+c<0$ の解	$\alpha<x<\beta$	なし	なし
$ax^2+bx+c\geqq0$ の解	$x\leqq\alpha, \beta\leqq x$	すべての実数	すべての実数
$ax^2+bx+c\leqq0$ の解	$\alpha\leqq x\leqq\beta$	$x=\alpha$	なし

注意　「$x<\alpha, \alpha<x$」は「$x\neq\alpha$ のすべての実数」と表してもよい。

$a<0$ のときは，**両辺に -1 を掛けて**，x^2 の係数を正にして考えればよい。

例題7　**2次不等式の解**

次の2次不等式を解け。

(1) $x^2-10x-11\geqq0$ 　　(2) $x^2+6x-6<0$

(3) $x^2+3x+6<0$ 　　(4) $-9x^2+6x-1\leqq0$

解説　(4) x^2 の係数が負の数であるから，両辺に -1 を掛けた不等式を考えるとよい。

解答　(1) 不等式の左辺を因数分解すると，$(x+1)(x-11)\geqq0$

　　　$(x+1)(x-11)=0$ を解くと，$x=-1, 11$

　　　ゆえに，$x^2-10x-11\geqq0$ の解は，$x\leqq-1, 11\leqq x$

(2) $x^2+6x-6=0$ を解くと，$x=-3\pm\sqrt{15}$

　　ゆえに，$x^2+6x-6<0$ の解は，$-3-\sqrt{15}<x<-3+\sqrt{15}$

(3) 2次方程式 $x^2+3x+6=0$ の判別式を D とすると，

　　　　$D=3^2-4\cdot1\cdot6=-15<0$

　　ゆえに，$x^2+3x+6<0$ の解は，なし

(4) 両辺に -1 を掛けると，$9x^2-6x+1\geqq0$

　　不等式の左辺を因数分解すると，$(3x-1)^2\geqq0$

　　ゆえに，$-9x^2+6x-1\leqq0$ の解は，すべての実数

問11 次の2次不等式を解け。

(1) $(x+2)(x-8)<0$

(2) $x^2-11x+28>0$

(3) $4x^2-12x+9\leq 0$

(4) $-2x^2+7x-7<0$

(5) $x^2+2x+4<0$

(6) $x^2-2x-4\leq 0$

いくつかの不等式を同時に満たす実数の値の範囲

例題8　連立不等式

次の不等式を解け。

(1) $\begin{cases} x^2-3x-4\leq 0 \\ x^2-4x+1>0 \end{cases}$

(2) $-2x+8\leq x^2\leq 4x-3$

［解説］ 連立不等式は，2つの不等式をそれぞれ解き，その解の共通部分が求める解となる。共通部分を求めるときは，数直線を利用するとよい。

(2) $A\leq B\leq C$ の形の不等式は，2つに分けて $A\leq B$, $B\leq C$ の解の共通部分を求める。

［解答］ (1) $x^2-3x-4\leq 0$ の左辺を因数分解すると，$(x+1)(x-4)\leq 0$

よって，$x^2-3x-4\leq 0$ の解は，

$-1\leq x\leq 4$ ………①

$x^2-4x+1=0$ を解くと，$x=2\pm\sqrt{3}$

よって，$x^2-4x+1>0$ の解は，

$x<2-\sqrt{3}$, $2+\sqrt{3}<x$ ………②

ゆえに，①と②の共通の範囲は，$-1\leq x<2-\sqrt{3}$, $2+\sqrt{3}<x\leq 4$

(2) $-2x+8\leq x^2$ を整理すると，$x^2+2x-8\geq 0$

左辺を因数分解すると，$(x+4)(x-2)\geq 0$

よって，$x^2+2x-8\geq 0$ の解は，

$x\leq -4$, $2\leq x$ ………①

$x^2\leq 4x-3$ を整理すると，$x^2-4x+3\leq 0$

左辺を因数分解すると，$(x-1)(x-3)\leq 0$

よって，$x^2-4x+3\leq 0$ の解は，$1\leq x\leq 3$ ………②

ゆえに，①と②の共通の範囲は，$2\leq x\leq 3$

問12 次の不等式を解け。

(1) $\begin{cases} x^2+x<12 \\ x^2\geq x+2 \end{cases}$

(2) $\begin{cases} x^2-5x+4\geq 0 \\ x^2-x-6\geq 0 \end{cases}$

(3) $\begin{cases} x^2-5x>6 \\ x^2-3x<0 \end{cases}$

(4) $4x+1<x^2+5x\leq 21-5x^2$

絶対値記号を含む不等式

例題9 ★ **絶対値を含む不等式**
不等式 $|x^2-4|>4x+1$ を解け。

解説 絶対値は，| |内の式が0以上の範囲と，0より小さい範囲に分けて考える。
$|A| = \begin{cases} A & (A \geq 0 \text{ のとき}) \\ -A & (A<0 \text{ のとき}) \end{cases}$ を $|x^2-4|$ の部分に適用して，

$|x^2-4| = \begin{cases} x^2-4 & (x^2-4 \geq 0 \text{ すなわち } x \leq -2, 2 \leq x \text{ のとき}) \\ -(x^2-4) & (x^2-4<0 \text{ すなわち } -2<x<2 \text{ のとき}) \end{cases}$ として考える。

解答 (i) $x^2-4 \geq 0$ すなわち $x \leq -2, 2 \leq x$ ……① のとき
不等式は，$x^2-4>4x+1$ 整理すると，$x^2-4x-5>0$
$(x+1)(x-5)>0$ より，不等式の解は，$x<-1, 5<x$ ………②
①，②より，$x \leq -2, 5<x$

(ii) $x^2-4<0$ すなわち $-2<x<2$ ……③ のとき
不等式は，$-(x^2-4)>4x+1$ 整理すると，$x^2+4x-3<0$
$x^2+4x-3=0$ を解くと，$x=-2\pm\sqrt{7}$
よって，不等式の解は，$-2-\sqrt{7}<x<-2+\sqrt{7}$ ………④
③，④より，$-2<x<-2+\sqrt{7}$

(i)，(ii)より，$x<-2+\sqrt{7}, 5<x$

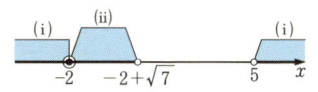

参考 次のように解いてもよい。

(i) $|x^2-4| \geq 0$ より，$4x+1<0$ すなわち $x<-\dfrac{1}{4}$ のとき，この不等式は成り立つ。

(ii) $4x+1 \geq 0$ すなわち $x \geq -\dfrac{1}{4}$ ……① のとき，
この不等式は，$x^2-4<-(4x+1)$ または $4x+1<x^2-4$ と表される。
$x^2-4<-(4x+1)$ を整理すると，$x^2+4x-3<0$
よって，不等式の解は，$-2-\sqrt{7}<x<-2+\sqrt{7}$ ①より，$-\dfrac{1}{4} \leq x<-2+\sqrt{7}$
$4x+1<x^2-4$ を整理すると，$x^2-4x-5>0$
よって，不等式の解は，$x<-1, 5<x$ ①より，$5<x$
ゆえに，$-\dfrac{1}{4} \leq x<-2+\sqrt{7}, 5<x$

(i)，(ii)より，$x<-2+\sqrt{7}, 5<x$

問13 ★ 次の不等式を解け。
(1) $x^2-3|x|+2>0$ (2) $|x^2-2x-3|<3-x$

係数に文字を含む2次不等式

例題10 2次不等式の解から文字係数を定める

x の2次不等式 $ax^2+9x+b>0$ の解が $\frac{1}{2}<x<4$ となるように，定数 a, b の値を定めよ。

解説 $\alpha<\beta$ のとき，

2次不等式 $(x-\alpha)(x-\beta)>0$ の解は，$x<\alpha$, $\beta<x$

2次不等式 $(x-\alpha)(x-\beta)<0$ の解は，$\alpha<x<\beta$ であるから，

$x<\alpha$, $\beta<x$ を解とする2次不等式の1つは，$(x-\alpha)(x-\beta)>0$

$\alpha<x<\beta$ を解とする2次不等式の1つは，$(x-\alpha)(x-\beta)<0$

である。

解答 $\frac{1}{2}<x<4$ を解とする2次不等式の1つは，

$$\left(x-\frac{1}{2}\right)(x-4)<0$$

すなわち，$x^2-\frac{9}{2}x+2<0$

両辺に -2 を掛けると，

$$-2x^2+9x-4>0$$

これが問題の不等式と一致するから，係数を比較して，

$$a=-2, \quad b=-4$$

参考 $\alpha<\beta$ のとき，2次不等式 $(x-\alpha)(x-\beta)>0$, $(x-\alpha)(x-\beta)<0$ の解は，因数 $x-\alpha$, $x-\beta$ の符号を調べることから求めることもできる。

	$x<\alpha$	α	$\alpha<x<\beta$	β	$\beta<x$
$x-\alpha$	$-$	0	$+$	$+$	$+$
$x-\beta$	$-$	$-$	$-$	0	$+$
$(x-\alpha)(x-\beta)$	$+$	0	$-$	0	$+$

上の表から，$(x-\alpha)(x-\beta)>0$ の解は，$x<\alpha$, $\beta<x$

$(x-\alpha)(x-\beta)<0$ の解は，$\alpha<x<\beta$ である。

問14 x の2次不等式 $ax^2+bx+1<0$ の解が，$x<-2$, $6<x$ となるように，定数 a, b の値を定めよ。

例題11 ★ **係数に文字を含む不等式の解**

次の x についての不等式を解け。ただし，a は定数とする。
(1) $x^2-2ax-3a^2 \leq 0$ (2) $ax^2 > a$

解説 (1) 不等式の左辺を因数分解すると，$(x-3a)(x+a) \leq 0$ となる。$3a$ と $-a$ の大小によって場合分けし，不等式の解を求める。

(2) 問題文には「不等式」とあり，「2次不等式」ではないので，x^2 の係数 a が 0 の場合も考える必要がある。また，$ax^2 > a$ の両辺をいきなり a で割って $x^2 > 1$ としてはいけない。なぜならば，$a < 0$ のとき，不等式の両辺を a で割ると不等号の向きが反対になる。そこで，不等式を整理して，$a(x^2-1) > 0$ とし，$a > 0$，$a = 0$，$a < 0$ の場合に分けて考える。

解答 (1) 不等式の左辺を因数分解すると，$(x-3a)(x+a) \leq 0$
(i) $3a > -a$ すなわち $a > 0$ のとき
　不等式の解は，$-a \leq x \leq 3a$
(ii) $3a = -a$ すなわち $a = 0$ のとき
　不等式は $x^2 \leq 0$ となり，その解は，$x = 0$
(iii) $3a < -a$ すなわち $a < 0$ のとき
　不等式の解は，$3a \leq x \leq -a$

(i), (ii), (iii) より，$\begin{cases} a > 0 \text{ のとき，} -a \leq x \leq 3a \\ a = 0 \text{ のとき，} x = 0 \\ a < 0 \text{ のとき，} 3a \leq x \leq -a \end{cases}$

(2) 不等式を整理すると，$a(x^2-1) > 0$
　左辺を因数分解すると，$a(x+1)(x-1) > 0$
(i) $a > 0$ のとき
　$(x+1)(x-1) > 0$ より，不等式の解は，$x < -1$, $1 < x$
(ii) $a = 0$ のとき
　$0 > 0$ より，不等式の解は，なし
(iii) $a < 0$ のとき
　$(x+1)(x-1) < 0$ より，不等式の解は，$-1 < x < 1$

(i), (ii), (iii) より，$\begin{cases} a > 0 \text{ のとき，} x < -1, 1 < x \\ a = 0 \text{ のとき，解なし} \\ a < 0 \text{ のとき，} -1 < x < 1 \end{cases}$

問15 ★ 次の x についての不等式を解け。ただし，a は定数とする。
(1) $x^2 - ax > 0$ (2) $x^2 - (a+3)x + 3a < 0$
(3) $x^2 - 2x - a(a+2) > 0$ (4) $ax^2 - 2ax \geq 0$

2 絶対不等式

すべての実数 x について成り立つ不等式を，**絶対不等式**という。

たとえば，すべての実数 x について $x^2 \geq 0$ であるから，不等式 $x^2+1>0$ はすべての実数で成り立つので，絶対不等式である。

一般に，x についての不等式 $ax^2+bx+c>0$ は，次のいずれかの場合に絶対不等式となる（→p.61, 表参照）。

(i) $D=b^2-4ac$ とすると，$a>0$ かつ $D<0$
(ii) $a=b=0$ かつ $c>0$

注意 この逆も成り立つ。

例題12　絶対不等式

すべての実数 x について，不等式 $ax^2+(a-3)x+a>0$ が成り立つような定数 a の値の範囲を求めよ。

解説　$a=0$ のとき，不等式は $-3x>0$ となり，その解は $x<0$ である。よって，不等式はすべての実数においては成り立たない。

解答　(i)　$a=0$ のとき，$-3x>0$ となる。
たとえば，$x=1$ のとき，$-3>0$ となり，これは成り立たない。

(ii)　$a \neq 0$ のとき，2次方程式 $ax^2+(a-3)x+a=0$ の判別式を D とすると，
不等式がすべての実数 x で成り立つ条件は，$a>0$ かつ $D<0$
$D=(a-3)^2-4\cdot a\cdot a=-3a^2-6a+9$ であるから，
$D<0$ より，$-3a^2-6a+9<0$
両辺を -3 で割ると，$a^2+2a-3>0$
よって，　$(a+3)(a-1)>0$
ゆえに，　$a<-3$, $1<a$
$a>0$ であるから，$a>1$

(i), (ii)より，求める a の値の範囲は，$a>1$

参考　不等式を $a(x^2+x+1)>3x$ として，$a \neq 0$ のとき，放物線 $y=a(x^2+x+1)$ が直線 $y=3x$ より上方にある a の値の範囲を求めてもよい。

$a<0$ の場合は題意に適さないので，右の図のように，$a>0$ の場合を考えると，上の解答で，$D=-3(a+3)(a-1)$ より，$a=1$ のとき $D=0$ となり，放物線と直線は接する。

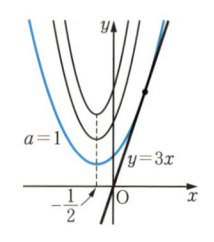

問16　すべての実数 x について，不等式 $ax^2-12x+a-5>0$ が成り立つような定数 a の値の範囲を求めよ。

演習問題

1 2つの関数 $y=2x^2+5x-1$ と $y=kx^2+3x+2$ のグラフの共有点の個数を，定数 k の値で分類して答えよ。

2 次の2次不等式を解け。
(1) $2(x^2+1)>x(x-3)$
(2) $\dfrac{1}{3}-\dfrac{x}{2}\leqq\dfrac{x(1-x)}{6}$
(3) $(2x+1)(2x-3)\geqq -4$
(4) $2(x+3)-4x<(x-2)^2-5x^2$

3 放物線 $y=x^2-ax+a+3$ が x 軸と異なる2点で交わるときの定数 a の値の範囲を求めよ。

4 放物線 $y=-x^2+2$ ……①，放物線 $y=ax^2-x+3$ ……② と
直線 $y=2x+1$ ……③ がある。
(1) ①と③のグラフの交点の座標を求めよ。
(2) ②と③のグラフが異なる2点で交わるように，定数 a の値の範囲を定めよ。
(3) ①と②のグラフが共有点をもたないように，定数 a の値の範囲を定めよ。

5 連立方程式 $\begin{cases} 2x-y=k \\ x^2+y^2=4 \end{cases}$ が実数解をもつように，定数 k の値の範囲を定めよ。

6 x の2次不等式 $ax^2+ax+10>0$ の解が $b<x<4$ となるように，定数 a，b の値を定めよ。

7★ 不等式 $(x-1)^2-3|x-1|+1<0$ を満たす整数 x をすべて求めよ。

8★ x についての2つの2次不等式
$$x^2+2x-2<0 \quad \cdots\cdots ① \qquad x^2-2ax+a^2-1>0 \quad \cdots\cdots ②$$
について，次の問いに答えよ。
(1) 2次不等式①を解け。
(2) 2次不等式②を解け。
(3) 2次不等式①を満たす x の値の範囲が，2次不等式②を満たす x の値の範囲に含まれるように，定数 a の値の範囲を定めよ。

3 2次関数と2次方程式・2次不等式の応用

1 2次方程式の解の存在範囲

係数に文字を含む2次方程式について，その解の存在する範囲に条件が与えられたとき，それを満たす係数の条件を定める問題を考えてみよう。

例 x の2次方程式 $x^2-ax+a^2-4=0$ が次のような実数解をもつとき，定数 a の値の範囲を求めよ。

(1) 異なる2つの正の解　　　(2) 正の解と負の解

この例について考えることにより，2次方程式の解の存在範囲についてまとめてみよう。

$f(x)=x^2-ax+a^2-4$ とし，2次方程式 $f(x)=0$ が異なる2つの実数解 α，β ($\alpha<\beta$) をもつとする。

$y=f(x)$ のグラフと y 軸の位置関係は，次の3つの場合が考えられる。

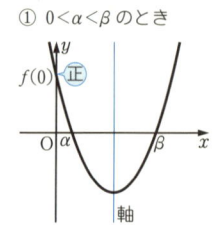

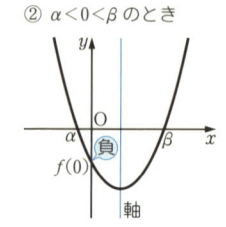

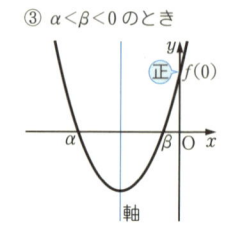

① $0<\alpha<\beta$ のとき　　② $\alpha<0<\beta$ のとき　　③ $\alpha<\beta<0$ のとき

$f(x)=0$ が異なる実数解をもつから，$f(x)=0$ の判別式を D とすると，①，②，③について，$D>0$ である。

①，③では，y 軸との共有点に着目すると，$f(0)>0$ である。このとき，x 軸との共有点 $(\alpha, 0)$，$(\beta, 0)$ はともに，y 軸より右または左にある。この条件に軸の位置の条件を加えることによって，①，③の場合の条件が得られる。

①の場合　　$D>0$，$f(0)>0$，（軸の位置）>0
③の場合　　$D>0$，$f(0)>0$，（軸の位置）<0

②では，y 軸との共有点に着目すると，$f(0)<0$ である。この場合は軸の位置に関係なく，必ず $\alpha<0<\beta$ となる。また，$y=f(x)$ のグラフは下に凸の放物線で，点 $(0, f(0))$ を通る。$f(0)<0$ のとき，$y=f(x)$ は x 軸と必ず2点で交わるから，$D>0$ の条件は必要ない。

②の場合　　$f(0)<0$

したがって，例の解答は次のようになる。

$f(x)=x^2-ax+a^2-4$ とおく。

$f(x)=\left(x-\dfrac{a}{2}\right)^2+\dfrac{3}{4}a^2-4$ より，$y=f(x)$ の軸の方程式は，$x=\dfrac{a}{2}$

(1) 異なる2つの実数解が正であるから，
放物線 $y=f(x)$ が右の図のようになればよい。

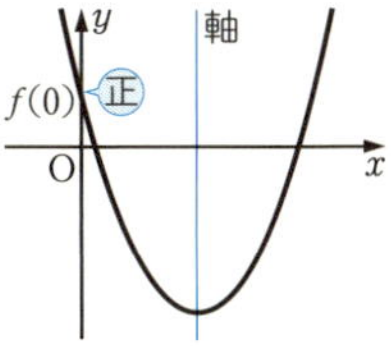

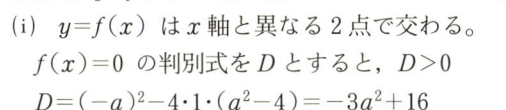

　(i) $y=f(x)$ は x 軸と異なる2点で交わる。
　　　$f(x)=0$ の判別式を D とすると，$D>0$
　　　$D=(-a)^2-4\cdot 1\cdot(a^2-4)=-3a^2+16$
　　　よって，$3a^2-16<0$ より，$-\dfrac{4\sqrt{3}}{3}<a<\dfrac{4\sqrt{3}}{3}$

　(ii) $y=f(x)$ の軸は $x>0$ の部分にある。
　　　軸の方程式は $x=\dfrac{a}{2}$ であるから，$\dfrac{a}{2}>0$ より，$a>0$

　(iii) $y=f(x)$ と y 軸との交点の y 座標 $f(0)$ が正である。
　　　$f(0)=a^2-4$ より，$a^2-4>0$
　　　よって，$a<-2$，$2<a$

　(i), (ii), (iii)より，$2<a<\dfrac{4\sqrt{3}}{3}$

(2) 異なる2つの実数解が正と負であるから，
放物線 $y=f(x)$ が右の図のようになればよい。 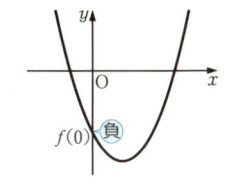
$y=f(x)$ と y 軸との交点の y 座標 $f(0)$ が負である。
$f(0)=a^2-4$ より，$a^2-4<0$
ゆえに，$-2<a<2$

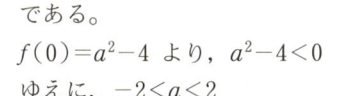

参考 2次方程式の解と係数の関係を利用して解くこともできる。

$f(x)=0$ の2つの解を α，β とすると，$\alpha+\beta=a$，$\alpha\beta=a^2-4$

(1) $f(x)=0$ は異なる2つの実数解をもつから，$D=-3a^2+16>0$ ……①
　　$\alpha>0$，$\beta>0$ より，$\alpha+\beta>0$，$\alpha\beta>0$　　よって，$a>0$ ……②，$a^2-4>0$ ……③
　　①，②，③より，$2<a<\dfrac{4\sqrt{3}}{3}$

(2) α，β は異符号であるから，$\alpha\beta<0$　　よって，$a^2-4<0$　　ゆえに，$-2<a<2$

(注) 一般に，2次方程式 $ax^2+bx+c=0$ の2つの解を α，β とすると，
　　$\alpha\beta<0$ ならば，解と係数の関係より，$ac=a^2\cdot\dfrac{c}{a}=a^2\alpha\beta<0$
　　よって，$D=b^2-4ac>0$ であるから，$f(x)=0$ は必ず異なる2つの実数解をもつ。

2次方程式の解の存在範囲は，次の3つの条件が満たす範囲を求めればよい。ただし，前ページの例の(2)のように，3つの条件のうち，いくつかだけを確認すればよい場合もある。

> ● **2次方程式の解の存在範囲**
> 2次方程式 $f(x)=0$ の解と定数 c の大小に関する問題は，$y=f(x)$ のグラフを利用して，次の3点に着目して考える。
> 　(i)　$f(x)=0$ の判別式 D
> 　(ii)　軸の位置
> 　(iii)　端点 $f(c)$ の正・負

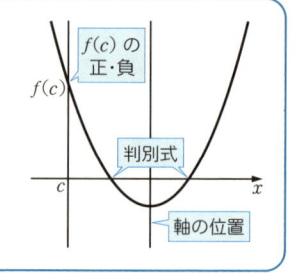

問17 x の2次方程式 $x^2-4ax+5a^2+a-6=0$ が次のような実数解をもつとき，定数 a の値の範囲を求めよ。
　(1)　異なる2つの負の解　　　　(2)　正の解と負の解

> **例題13** ★　**2次方程式の解の存在範囲①**
> x の2次方程式 $x^2-4ax+8a=0$ が実数解をもち，その解が次の条件を満たすような定数 a の値の範囲を求めよ。
> 　(1)　2つの解がともに6より小さい。
> 　(2)　1つの解が4より大きく，もう1つの解は4より小さい。
> 　(3)　1つの解が6より大きく，もう1つの解は4より小さい。
> 　(4)　2つの解がともに0と6の間にある。

[解説]　2次方程式の左辺を $f(x)$ とする。次の3項目の条件を過不足なく求める。
　　　(i)　$f(x)=0$ の判別式 D
　　　(ii)　軸の位置
　　　(iii)　端点 $f(6)$，$f(4)$，$f(0)$ の正・負

[解答]　$f(x)=x^2-4ax+8a$ とおく。　　$f(x)=(x-2a)^2-4a^2+8a$
　　　$f(x)=0$ の判別式を D とすると，
$$\frac{D}{4}=(-2a)^2-1\cdot 8a=4a^2-8a=4a(a-2) \quad \cdots\cdots ①$$
　　　$y=f(x)$ のグラフの軸の方程式は，$x=2a$ $\cdots\cdots ②$
　　　端点の y 座標は，$f(6)=36-16a$ $\cdots\cdots ③$
　　　　　　　　　　　$f(4)=16-8a$ $\cdots\cdots ④$
　　　　　　　　　　　$f(0)=8a$ $\cdots\cdots ⑤$

(1) 放物線 $y=f(x)$ が図1のようになればよい（重解の場合も含む）。
  (i) $y=f(x)$ は x 軸と2点で交わるから, $D≧0$
    ①より, $4a(a-2)≧0$ よって, $a≦0$, $2≦a$
  (ii) $y=f(x)$ の軸は $x<6$ の部分にあるから,
    ②より, $2a<6$ よって, $a<3$
  (iii) $y=f(x)$ と $x=6$ との交点の y 座標 $f(6)$ が正である。
    ③より, $36-16a>0$ よって, $a<\dfrac{9}{4}$

  (i), (ii), (iii)より, $a≦0$, $2≦a<\dfrac{9}{4}$

(2) 放物線 $y=f(x)$ が図2のようになればよい。
  $y=f(x)$ と $x=4$ との交点の y 座標 $f(4)$ が負である。
    ④より, $16-8a<0$
  ゆえに, $a>2$

(3) 放物線 $y=f(x)$ が図3のようになればよい。
  $y=f(x)$ と $x=4$, $x=6$ との交点の y 座標 $f(4)$, $f(6)$ がともに負である。
    ③, ④より, $36-16a<0$, $16-8a<0$
  ゆえに, $a>\dfrac{9}{4}$

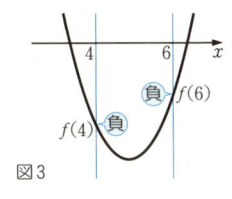

(4) 放物線 $y=f(x)$ が図4のようになればよい（重解の場合も含む）。
  (i) $y=f(x)$ は x 軸と2点で交わるから, $D≧0$
    ①より, $4a(a-2)≧0$ よって, $a≦0$, $2≦a$
  (ii) $y=f(x)$ の軸は $0<x<6$ の部分にあるから,
    ②より, $0<2a<6$ よって, $0<a<3$
  (iii) $y=f(x)$ と $x=0$, $x=6$ との交点の y 座標 $f(0)$, $f(6)$ がともに正である。
    ③, ⑤より, $36-16a>0$, $8a>0$ よって, $0<a<\dfrac{9}{4}$

  (i), (ii), (iii)より, $2≦a<\dfrac{9}{4}$

問18 ★　x の2次方程式 $x^2-2(a+1)x+3a=0$ の解が, 次の条件を満たすような定数 a の値の範囲を求めよ。
(1) 2つの解がともに -1 より大きい。
(2) 2つの解がともに $-1≦x≦3$ の範囲にある。

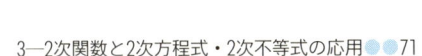

例題14 ★★ **2次方程式の解の存在範囲②**

x の2次方程式 $x^2-2(a-4)x-3(a-10)=0$ が，$0\leq x\leq 6$ の範囲に少なくとも1つの解をもつような定数 a の値の範囲を求めよ。

解説 次の2つに分けて考える。
(i) $0\leq x\leq 6$ の範囲に2つの解をもつ場合（重解を含む）
(ii) $0\leq x\leq 6$ の範囲にただ1つの解をもつ場合（重解を含まない）

解答 $f(x)=x^2-2(a-4)x-3(a-10)$ とおくと，$f(x)=\{x-(a-4)\}^2-a^2+5a+14$
(i) 2つの解（重解を含む）がともに $0\leq x\leq 6$ の範囲にある場合
$f(x)=0$ の判別式を D とすると，
$$\frac{D}{4}=(a-4)^2-1\cdot\{-3(a-10)\}=a^2-5a-14$$
$D\geq 0$ より，$(a+2)(a-7)\geq 0$ であるから，$a\leq -2,\ 7\leq a$ ………①
軸の方程式は $x=a-4$ であるから，$0\leq a-4\leq 6$
よって，$4\leq a\leq 10$ ………②
$f(0)=-3(a-10)\geq 0$ より，$a\leq 10$ ………③
$f(6)=-3(5a-38)\geq 0$ より，$a\leq \dfrac{38}{5}$ ………④

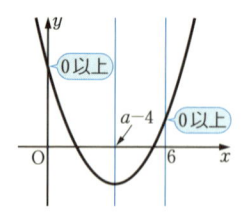

①，②，③，④より，$7\leq a\leq \dfrac{38}{5}$

(ii) 1つの解だけが $0\leq x\leq 6$ の範囲にある場合
(ア) $x=0$ を解にもつとき，$a=10$
よって，$x(x-12)=0$ より，$x=0,\ 12$
このとき，条件を満たす。
(イ) $x=6$ を解にもつとき，$a=\dfrac{38}{5}$
これは，(i)の場合である。
(ウ) $x=0,\ 6$ を解にもたず，1つの解だけが $0<x<6$ の範囲にあるとき，
$f(0)>0,\ f(6)<0$ または $f(0)<0,\ f(6)>0$
すなわち，$f(0)f(6)<0$
$f(0)f(6)=9(a-10)(5a-38)<0$ より，$\dfrac{38}{5}<a<10$

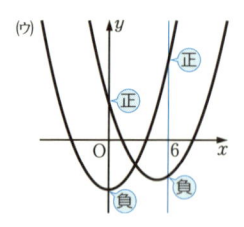

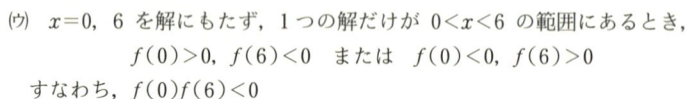

(ア)，(イ)，(ウ)より，$\dfrac{38}{5}<a\leq 10$

(i), (ii)より，$7\leq a\leq 10$

問19 ★★ x の2次方程式 $3x^2-(a+3)x+3a-6=0$ が，$0<x<2$ の範囲に少なくとも1つの解をもつような定数 a の値の範囲を求めよ。

2 2次関数と2次方程式・2次不等式のいろいろな問題

今までの学習のまとめとして、ここでは2次関数と2次方程式・2次不等式についてのいろいろなタイプの問題を解いてみよう。

> **例題15** 2つの2次方程式の共通解
> x についての2つの2次方程式
> $$x^2+6x+12k-24=0, \quad x^2+(k+3)x+12=0$$
> がただ1つの実数を共通解にもつように、定数 k の値を定め、その共通解を求めよ。

解説 共通解を $x=\alpha$ とおくと、2つの2次方程式は、
$\alpha^2+6\alpha+12k-24=0$, $\alpha^2+(k+3)\alpha+12=0$ となる。この連立方程式を解く。
共通解はただ1つであることに注意する。

解答 実数の共通解を α とすると、
$$\alpha^2+6\alpha+12k-24=0 \quad \cdots\cdots ① \qquad \alpha^2+(k+3)\alpha+12=0 \quad \cdots\cdots ②$$
②−① より、$(k-3)\alpha-12(k-3)=0$ よって、$(k-3)(\alpha-12)=0$
ゆえに、$k=3$ または $\alpha=12$

(i) $k=3$ のとき

　2つの2次方程式はともに $x^2+6x+12=0$ となる。

　この2次方程式の判別式を D とすると、$\dfrac{D}{4}=3^2-1\cdot 12=-3<0$

　よって、この2次方程式は実数解をもたない。

　ゆえに、$k=3$ は条件を満たさない。

(ii) $\alpha=12$ のとき

　①より、$12^2+6\cdot 12+12k-24=0$ 　よって、$k=-16$

　2つの2次方程式をそれぞれ解くと、

　$x^2+6x-216=0$ より、$(x-12)(x+18)=0$ 　よって、$x=12, -18$

　$x^2-13x+12=0$ より、$(x-12)(x-1)=0$ 　よって、$x=12, 1$

　ゆえに、$k=-16$ のとき、ただ1つの共通解 12 をもつ。

(i), (ii)より、$k=-16$, 共通解 12

問20 k を定数とする。x についての2つの2次方程式を
$x^2+(k+1)x-(k+2)=0 \cdots\cdots ①$, $x^2+kx+k-7=0 \cdots\cdots ②$ とする。
(1) 2次方程式①を解け。
(2) 2次方程式①と②が共通解をもつように、k の値を定め、その共通解を求めよ。

例題16 ★　2つの2次方程式の解の判別

x についての2つの2次方程式
$$x^2-2x+a=0 \quad \cdots\cdots ①$$
$$\frac{9}{4}x^2+3ax-2a+15=0 \quad \cdots\cdots ②$$
について，次の条件を満たすような定数 a の値の範囲を求めよ。
(1) 2次方程式①，②がともに実数解をもつ。
(2) 2次方程式①，②のうち，少なくとも一方が実数解をもつ。

解説　2次方程式が実数解をもつのは，その判別式を D とすると，$D \geqq 0$ のときである。2次方程式①，②の判別式はそれぞれ固有のものであるから，区別して D_1, D_2 とし，

(1) $D_1 \geqq 0$ かつ $D_2 \geqq 0$ 　　(2) $D_1 \geqq 0$ または $D_2 \geqq 0$

となる a の値の範囲を求める。このとき，数直線を利用すると整理しやすい。

解答　2次方程式①，②の判別式をそれぞれ D_1, D_2 とすると，①，②が実数解をもつのは $D_1 \geqq 0$, $D_2 \geqq 0$ のときである。

$$\frac{D_1}{4}=(-1)^2-1\cdot a=1-a$$

$D_1 \geqq 0$ であるから，$a \leqq 1$ 　　$\cdots\cdots\cdots ③$

$$D_2=(3a)^2-4\cdot\frac{9}{4}\cdot(-2a+15)$$
$$=9(a^2+2a-15)=9(a+5)(a-3)$$

$D_2 \geqq 0$ であるから，$a \leqq -5$, $3 \leqq a$ $\cdots\cdots ④$

(1) $D_1 \geqq 0$ かつ $D_2 \geqq 0$ である a の値の範囲を求める。
　すなわち，③と④の共通の範囲であるから，
$$a \leqq -5$$

(2) $D_1 \geqq 0$ または $D_2 \geqq 0$ である a の値の範囲を求める。
　すなわち，③と④の範囲を合わせた部分であるから，
$$a \leqq 1, \ 3 \leqq a$$

問21 ★　x についての2つの2次方程式
$$x^2-ax-a+3=0 \quad \cdots\cdots ①$$
$$x^2+(a+2)x+2a+9=0 \quad \cdots\cdots ②$$
について，次の条件を満たすような定数 a の値の範囲を求めよ。
(1) 2次方程式①，②がともに実数解をもつ。
(2) 2次方程式①，②のうち，少なくとも一方が実数解をもつ。
(3) 2次方程式①，②の一方のみが実数解をもつ。

例題17★ 2つの2次不等式の整数解

x についての2つの2次不等式 $x^2+2x-8>0$ と $x^2-(a+3)x+3a<0$ を，同時に満たす整数 x が3個であるような定数 a の値の範囲を求めよ。

解説 $x^2-(a+3)x+3a=(x-3)(x-a)$ であるから，$a>3$, $a=3$, $a<3$ で場合分けして考える。また，2つの2次不等式を同時に満たす範囲を考えるとき，数直線を利用すると整理しやすい。

解答 $x^2+2x-8=(x-2)(x+4)>0$ より，$x<-4$, $2<x$ ………①
$x^2-(a+3)x+3a=(x-3)(x-a)<0$ より，
 $a>3$ のとき，$3<x<a$ ………② $a=3$ のとき，解なし
 $a<3$ のとき，$a<x<3$ ………③

(i) $a>3$ のとき
 ①，②を同時に満たす x の範囲は，
  $3<x<a$
 この不等式を満たす整数が3個であるから，
  $x=4, 5, 6$ よって，$6<a\leq 7$

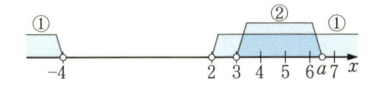

(ii) $a<3$ のとき
 ①，③を同時に満たす整数 x があるような x の範囲は，
  $a<x<-4$, $2<x<3$
 この不等式を満たす整数が3個であるから，
  $x=-5, -6, -7$ よって，$-8\leq a<-7$

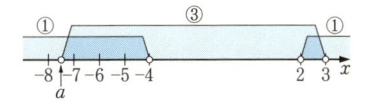

(i), (ii)より，$-8\leq a<-7$, $6<a\leq 7$

参考 上の例題で，x についての2つの2次不等式を
$x^2+2x-8\geq 0$ ……①, $x^2-(a+3)x+3a\leq 0$ ……② とすると，次のような解答になる。
 ①を解くと，$x\leq -4$, $2\leq x$
 ②を解くと，$a>3$ のとき $3\leq x\leq a$, $a=3$ のとき $x=3$, $a<3$ のとき $a\leq x\leq 3$
(i) $a>3$ のとき
 整数 x は，$x=3, 4, 5$
 よって，$5\leq a<6$
(ii) $a<3$ のとき
 整数 x は，$x=-4, 2, 3$
 よって，$-5<a\leq -4$
(i), (ii)より，$-5<a\leq -4$, $5\leq a<6$

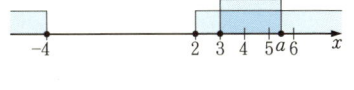

問22★ x についての2つの2次不等式 $x^2-4x-5\geq 0$ と $x^2-3ax+2a^2\leq 0$ を，同時に満たす整数 x が2個だけとなるような整数 a の値を求めよ。

例題18★ ある範囲でつねに成り立つ不等式

$0 \leq x \leq 5$ のすべての x の値について，2次不等式 $x^2-ax+a+8 \geq 0$ がつねに成り立つような定数 a の値の範囲を求めよ。

解説 $f(x)=x^2-ax+a+8$ として，$y=f(x)$ のグラフを利用する。

$0 \leq x \leq 5$ で，つねに $f(x) \geq 0$ ということは，この範囲における $y=f(x)$ の最小値 m について，$m \geq 0$ と考えられる。

解答 $f(x)=x^2-ax+a+8$ $(0 \leq x \leq 5)$ とおく。

$$f(x) = \left(x-\frac{a}{2}\right)^2 - \frac{a^2}{4}+a+8$$ より，放物線 $y=f(x)$ の頂点は，

$$\left(\frac{a}{2},\ -\frac{a^2}{4}+a+8\right)$$

(i) $\dfrac{a}{2} \leq 0$ すなわち $a \leq 0$ のとき

$y=f(x)$ は，$x=0$ のとき最小値 $f(0)$ をとるから，
求める条件は，$f(0) \geq 0$
$a+8 \geq 0$ よって，$a \geq -8$
$a \leq 0$ より，$-8 \leq a \leq 0$

(ii) $0 < \dfrac{a}{2} \leq 5$ すなわち $0 < a \leq 10$ のとき

$y=f(x)$ は，$x=\dfrac{a}{2}$ のとき最小値 $-\dfrac{a^2}{4}+a+8$ をとるから，

求める条件は，$-\dfrac{a^2}{4}+a+8 \geq 0$

整理すると，$a^2-4a-32 \leq 0$
$(a+4)(a-8) \leq 0$ よって，$-4 \leq a \leq 8$
$0<a \leq 10$ より，$0<a \leq 8$

(iii) $\dfrac{a}{2} > 5$ すなわち $a>10$ のとき

$y=f(x)$ は，$x=5$ のとき最小値 $f(5)$ をとるから，
求める条件は，$f(5) \geq 0$
$5^2-5a+a+8 \geq 0$ よって，$a \leq \dfrac{33}{4}$
$a>10$ より，条件を満たす a の値はない。
(i), (ii), (iii)より，$-8 \leq a \leq 8$

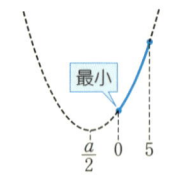

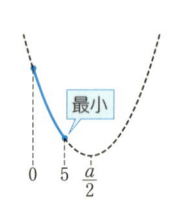

問23★ x の2次関数を $f(x)=x^2+2ax+2a+8$ とする。$x \leq 1$ のすべての x の値について，$f(x) \geq 0$ がつねに成り立つような定数 a の値の範囲を求めよ。

例題19★ 「すべての x」と「ある x」

x についての2つの2次関数 $f(x)=3x^2+4ax$, $g(x)=x^2-3a^2+4$ が,次の条件を満たすような定数 a の値の範囲を求めよ。
(1) すべての実数 x に対して,$f(x)>g(x)$
(2) ある実数 x に対して,$f(x)<g(x)$

解説 $h(x)=f(x)-g(x)$ として,(1)は,すべての実数 x に対して $h(x)>0$,(2)は,ある実数 x に対して $h(x)<0$ となる a の値の範囲をそれぞれ求める。

解答 $h(x)=f(x)-g(x)$
$\qquad = 3x^2+4ax-(x^2-3a^2+4)$
$\qquad = 2x^2+4ax+3a^2-4$ とおく。

$h(x)=2(x+a)^2+a^2-4$ であるから,$y=h(x)$ のグラフは下に凸の放物線で,頂点は $(-a, a^2-4)$ である。

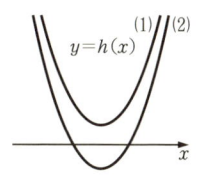

(1) すべての実数 x に対して $f(x)>g(x)$ が成り立つということは,すべての実数 x に対して $h(x)>0$ が成り立つということである。
このとき,($h(x)$ の最小値)>0 となればよい。
$y=h(x)$ は,$x=-a$ のとき最小値 a^2-4 をとるから,$a^2-4>0$
$a^2-4=(a+2)(a-2)$ より,$a<-2$, $2<a$

(2) ある実数 x に対して $f(x)<g(x)$ が成り立つということは,ある実数 x に対して $h(x)<0$ が成り立つということである。
このとき,($h(x)$ の最小値)<0 となればよい。
$y=h(x)$ は,$x=-a$ のとき最小値 a^2-4 をとるから,$a^2-4<0$
ゆえに,$-2<a<2$

参考 2次方程式 $h(x)=0$ の判別式を D として,(1)は $D<0$,(2)は $D>0$ のときを考えてもよい。

参考 「p である」という条件に対して「p でない」という条件を,「p である」の否定という。
条件「すべての実数 x に対して,$f(x)>g(x)$」の否定は,
条件「ある実数 x に対して,$f(x)\leqq g(x)$」である。
(1)の答え「$a<-2$, $2<a$」の否定は「$-2\leqq a\leqq 2$」であるから,(2)の答えは,この範囲の等号を除いた「$-2<a<2$」となる。

問24★ x についての2つの2次関数 $f(x)=3x^2+2x-3$, $g(x)=x^2+2x+a$ が,次の条件を満たすような定数 a の値の範囲を求めよ。
(1) すべての実数 x に対して,$f(x)>g(x)$
(2) ある実数 x に対して,$f(x)<g(x)$

例題20★ 絶対値を含む方程式の解の個数

x の方程式 $|x^2-4|-2x-k=0$ が，異なる4つの実数解をもつような定数 k の値の範囲を求めよ。

[解説] 方程式を $|x^2-4|-2x=k$ とすると，実数解の個数は，$y=|x^2-4|-2x$ のグラフと直線 $y=k$ の共有点の個数と一致する。

また，$y=|x^2-4|-2x$ について，絶対値の部分は，

$$|x^2-4|=\begin{cases} x^2-4 & (x^2-4\geqq 0 \text{ のとき}) \\ -(x^2-4) & (x^2-4<0 \text{ のとき}) \end{cases} \text{ となるから，}$$

$$y=|x^2-4|-2x=\begin{cases} x^2-2x-4 & (x^2-4\geqq 0 \text{ のとき}) \\ -x^2-2x+4 & (x^2-4<0 \text{ のとき}) \end{cases} \text{ となる。}$$

[解答] 方程式を $|x^2-4|-2x=k$ と表し，
$y=|x^2-4|-2x$ とおく。
$x^2-4\geqq 0$ すなわち $x\leqq -2,\ 2\leqq x$ のとき
$|x^2-4|=x^2-4$ であるから，
$$y=x^2-4-2x=(x-1)^2-5$$
$x^2-4<0$ すなわち $-2<x<2$ のとき
$|x^2-4|=-(x^2-4)$ であるから，
$$y=-(x^2-4)-2x=-x^2-2x+4$$
$$=-(x+1)^2+5$$

よって，$y=|x^2-4|-2x$ のグラフは右の図のようになる。
方程式 $|x^2-4|-2x=k$ の実数解の個数は，$y=|x^2-4|-2x$ のグラフと直線 $y=k$ の共有点の個数と一致する。
ゆえに，共有点の個数が4個となる k の値の範囲は，$4<k<5$

[参考] グラフより，方程式 $|x^2-4|-2x-k=0$ の異なる実数解の個数は，次のようになる。

$k>5$ のとき，　　2個
$k=5$ のとき，　　3個
$4<k<5$ のとき，　4個
$k=4$ のとき，　　3個
$-4<k<4$ のとき，2個
$k=-4$ のとき，　1個
$k<-4$ のとき，　0個

問25★ x についての2つの関数 $y=x^2+a$ と $y=4|x-1|-3$ のグラフの共有点の個数を求めよ。ただし，a は定数とする。

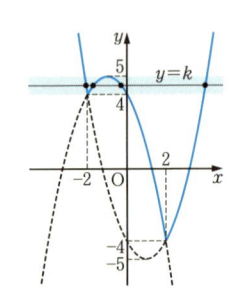

研究　ガウス記号を含む関数

実数 a に対して，a を超えない最大の整数を $[a]$ と表し，記号 $[\ ]$ を**ガウス記号**という。すなわち，

> n を整数とすると，実数 a に対して $n \leq a < n+1$ のとき，$[a]=n$ と表す。

たとえば，$[2.1]=2$，$[-8.2]=-9$，$[\sqrt{7}\,]=2$，$[4]=4$ である。

例　$-2 \leq x \leq 2$ のとき，関数 $y=[x]$ のグラフをかいてみよう。

n を整数とすると，$n \leq x < n+1$ のとき，$[x]=n$ と表されるから，

$\quad -2 \leq x < -1$ のとき，$y=-2$
$\quad -1 \leq x < 0\ \ $ のとき，$y=-1$
$\quad\ \ \ 0 \leq x < 1\ \ $ のとき，$y=0$
$\quad\ \ \ 1 \leq x < 2\ \ $ のとき，$y=1$
$\qquad\ \ \ x=2\ \ \ \ $ のとき，$y=2$

ゆえに，グラフは右の図のようになる。

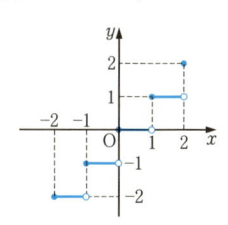

例題21　ガウス記号を含む関数のグラフ

$-4 \leq x \leq 4$ のとき，関数 $y=\left[\dfrac{x}{2}\right]$ のグラフをかけ。

解説　n を整数とすると，$n \leq \dfrac{x}{2} < n+1$ のとき，$\left[\dfrac{x}{2}\right]=n$ と表される。

解答　$-4 \leq x \leq 4$ のとき，$y=\left[\dfrac{x}{2}\right]$ は次のように表される。

$\quad -2 \leq \dfrac{x}{2} < -1$ すなわち $-4 \leq x < -2$ のとき，$y=-2$

$\quad -1 \leq \dfrac{x}{2} < 0\ \ $ すなわち $-2 \leq x < 0\ \ $ のとき，$y=-1$

$\quad\ \ \ 0 \leq \dfrac{x}{2} < 1\ \ $ すなわち $\ \ \ 0 \leq x < 2\ \ $ のとき，$y=0$

$\quad\ \ \ 1 \leq \dfrac{x}{2} < 2\ \ $ すなわち $\ \ \ 2 \leq x < 4\ \ $ のとき，$y=1$

$\qquad\ \ \ \dfrac{x}{2}=2\ \ \ \ $ すなわち $\qquad x=4\ \ \ \ $ のとき，$y=2$

グラフは右の図

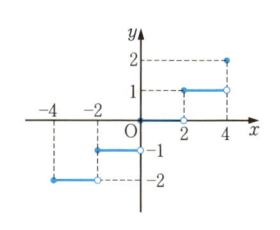

問26　$-2 \leq x \leq 2$ のとき，次の関数のグラフをかけ。
(1) $y=2[x]$
(2) $y=[2x]$

例題22 ★★ ガウス記号を含む方程式，不等式

次の問いに答えよ。
(1) $4n^2-4n-3<0$ を満たす整数 n をすべて求めよ。
(2) $4[x]^2-4[x]-3<0$ を満たす実数 x の値の範囲を求めよ。
(3) x は(2)で求めた範囲にあるものとする。$4x^2-4[x]-3=0$ を満たす x の値をすべて求めよ。

解説 (2) (1)で求めた整数 n について，$[x]=n$ を満たす x の値の範囲を求める。
このとき，$n \leq x < n+1 \iff [x]=n$
(3) (2)で求めた x の値の範囲において，$[x]$ の値を実際に求めることができる。求めた整数を $[x]$ の部分に代入し，得られる2次方程式を解く。

解答 (1) $(2n+1)(2n-3)<0$ より，$-\dfrac{1}{2}<n<\dfrac{3}{2}$

これを満たす整数 n は，$n=0,\ 1$

(2) $[x]=n$（整数）とおくと，この不等式は $4n^2-4n-3<0$ と表される。
この不等式を満たす整数 n は，
(1)より，$n=0,\ 1$
$n=0$ すなわち $[x]=0$ のとき，$0 \leq x < 1$
$n=1$ すなわち $[x]=1$ のとき，$1 \leq x < 2$
ゆえに，求める x の値の範囲は，$0 \leq x < 2$

> $[x]=n$ のとき，$n \leq x < n+1$

(3) (2)より，(i) $0 \leq x < 1$ のとき，(ii) $1 \leq x < 2$ のときに分けて考える。
(i) $0 \leq x < 1$ のとき，$[x]=0$
方程式は $4x^2-3=0$ となる。
これを解くと，$x=\pm\dfrac{\sqrt{3}}{2}$　　$0 \leq x < 1$ より，$x=\dfrac{\sqrt{3}}{2}$
(ii) $1 \leq x < 2$ のとき，$[x]=1$
方程式は $4x^2-4-3=0$ より，$4x^2-7=0$ となる。
これを解くと，$x=\pm\dfrac{\sqrt{7}}{2}$　　$1 \leq x < 2$ より，$x=\dfrac{\sqrt{7}}{2}$
(i), (ii)より，$x=\dfrac{\sqrt{3}}{2},\ \dfrac{\sqrt{7}}{2}$

問27 ★★ 次の問いに答えよ。
(1) $n^2-2n \leq 0$ を満たす整数 n をすべて求めよ。
(2) $[x]^2-2[x] \leq 0$ を満たす実数 x の値の範囲を求めよ。
(3) x は(2)で求めた範囲にあるものとする。$x^2-2[x]=0$ を満たす x の値をすべて求めよ。

演習問題

9 放物線 $y=x^2-ax+a$ が x 軸と $1 \leq x \leq 2$, $3 \leq x \leq 4$ の部分でそれぞれ 1 つずつ共有点をもつように，定数 a の値の範囲を定めよ．

10 x の 2 次関数 $y=mx^2+(m^2-3m+2)x+m-3$ について，m は整数であるとする．この 2 次関数のグラフは x 軸と異なる 2 点で交わり，2 つの交点の x 座標は異符号である．このとき，m の値を求めよ．

11* x の 2 次方程式 $ax^2-4x+1=0$ の異なる 2 つの実数解が，次の条件を満たすような定数 a の値の範囲を求めよ．
(1) 2 つの解がともに 3 より小さい．
(2) 1 つの解は 3 より大きく，他の解は 3 より小さい．

12* x についての 2 つの 2 次方程式 $x^2-ax+3b=0$ と $x^2-bx+3a=0$ は，それぞれ相異なる解をもつが，両者の解の 1 つだけは共通している．このとき，共通解を求めよ．また，共通でない解の和も求めよ．ただし，a, b は定数とする．

13* 放物線 $y=ax^2+2x+1$ ……① と直線 $y=-\dfrac{2}{3}x+3$ ……② について，次の問いに答えよ．
(1) すべての実数 x に対して，直線②が放物線①より上方にあるとき，定数 a の値の範囲を求めよ．
(2) 放物線①が直線②より上方にある x の範囲が $1<x<b$ であるとき，定数 a, b の値を求めよ．

14* 次の問いに答えよ．
(1) 方程式 $|x(x-4)|=4$ を解け．
(2) 方程式 $|x(x-4)|=a$ が，異なる 4 つの実数解をもつような定数 a の値の範囲を求めよ．

15* 実数 a に対して，a を超えない最大の整数を $[a]$ で表す．
$-2 \leq x \leq 2$ のとき，次の関数のグラフをかけ．
(1) $y=[x^2]$　　　　　　(2) $y=[x]x$

》》》総合問題《《《

1 ** x の2次不等式 $6x^2-(16a+7)x+(2a+1)(5a+2)<0$ を満たす整数 x が10個となるように, 正の整数 a の値を定めよ。

2 * m を定数とする。x の方程式 $(m+1)x^2+2(m-1)x+2m-5=0$ について, 次の問いに答えよ。
(1) ただ1つの実数解をもつような m の値を求めよ。
(2) 異なる2つの負の実数解をもつような m の値の範囲を求めよ。

3 * $-4 \leq p \leq 6$ かつ $-4 \leq q \leq 6$ を満たす整数の組 (p, q) のうち, x の2次方程式 $x^2+px+q=0$ が, 異なる2つの正の実数解をもつような組 (p, q) は, 全部で何個あるか。

4 ** x についての2つの2次方程式
$$x^2+mx+2=0 \quad \cdots\cdots ①$$
$$x^2+2x+m=0 \quad \cdots\cdots ②$$
の実数解が次の条件を満たすように, 定数 m の値の範囲を定めよ。
(1) 2次方程式①の実数解が, ともに2次方程式②の実数解より大きい。
(2) 2次方程式①の1つの実数解が, 2次方程式②の2つの実数解の間にある。

5 * $a<c<b$ のとき, x の2次方程式 $(x-a)(x-b)+k(x-c)=0$ は, 定数 k がどんな値をとっても, つねに異なる2つの実数解をもつことをグラフを使って示せ。

6 * a を正の定数とする。x の方程式 $|x^2+ax+2a|=a$ が, 異なる実数解をちょうど2個もつような a の値の範囲を求めよ。

7 ** x の方程式 $|x^2-3x-4|=a(x+5)$ が, 異なる4つの実数解をもつような定数 a の値の範囲を求めよ。

8 * a がどんな実数であっても, $|x|<1$ である x に対して, 関数 $f(x)=ax+a^2+k$ の値がつねに正となるように, 定数 k の値の範囲を定めよ。

9 ★ x についての 2 つの 2 次不等式

$$x^2-x-6\leqq 0 \quad \cdots\cdots ①$$
$$x^2-(2a-3)x+a^2-3a-10\leqq 0 \quad \cdots\cdots ②$$

について，次の条件を満たすような定数 a の値の範囲を求めよ。
(1) 2 次不等式①を満たすすべての x が 2 次不等式②を満たす。
(2) 2 次不等式①と②を同時に満たす x が存在する。

10 ★★ k を定数とする。x についての 2 つの関数
$$f(x)=x^2-2(k-3)x+k^2-7k+9$$
$$g(x)=|x-k|+k-\frac{14}{5}$$

について，次の問いに答えよ。
(1) $k=\dfrac{1}{2}$ のとき，連立不等式 $f(x)\leqq 0$, $g(x)\leqq 0$ を解け。
(2) 不等式 $f(x_1)\leqq 0$ を満たす実数 x_1 が存在し，かつ，不等式 $g(x_2)\leqq 0$ を満たす実数 x_2 が存在するように，k の値の範囲を定めよ。
(3) 連立不等式 $f(x)\leqq 0$, $g(x)\leqq 0$ を満たす実数 x が存在するように，k の値の範囲を定めよ。

11 ★★ 次の条件を満たす実数 x の値の範囲を求めよ。
(1) $x^2+xy+y^2=1$ を満たす実数 y が存在する。
(2) $x^2+xy+y^2=1$ を満たす正の実数 y が存在しない。
(3) すべての実数 y に対して $x^2+xy+y^2>x+y$ が成り立つ。

12 ★★ α, β を $0<\alpha<\beta<2$ を満たす定数とし，$0\leqq x\leqq 2$ の範囲で定義された関数 $f(x)$ を $f(x)=|(x-\alpha)(x-\beta)|$ とする。
(1) $f(x)$ の最大値を M とする。$f(x)=M$ となる x がちょうど 3 つあるとき，定数 α, β と M の値を求めよ。
(2) (1)で求めた α, β について，$f(x)-mx=0$ が異なる 3 つの解をもつような，定数 m の値の範囲を求めよ。

索引

あ行

- 上に凸 …… 1
- x 軸対称 …… 25

か行

- 回転移動 …… 27
- （2次方程式の）解と係数の関係 …… 55
- （2次方程式の）解の公式 …… 50
- ガウス記号 …… 79
- 関数 …… 1
- 原点対称 …… 25

さ行

- 最小値 …… 10, 39
- 最大値 …… 10, 39
- 3次関数のグラフ …… 59
- 軸 …… 1
- 下に凸 …… 1, 9
- 実数 …… 10
- 実数解 …… 50
- 重解 …… 50
- 準線 …… 5
- 焦点 …… 5
- 接する …… 15, 53, 57
- 接線 …… 15
- 絶対値 …… 34
- 絶対不等式 …… 66
- 接点 …… 15, 53, 57
- 漸近線 …… 36
- 線分の中点 …… 16
- 双曲線 …… 36

た行

- 対称移動 …… 25

な行

- 値域 …… 10
- 頂点 …… 1
- 定義域 …… 10
- 等積な三角形 …… 16

な行

- 2次関数 …… 1
- 2次不等式 …… 60
- 2次不等式の解 …… 60, 61
- 2乗に比例する …… 6
- 2点間の距離 …… 16

は行

- 判別式 …… 50, 51
- 比例定数 …… 6
- 分数関数 …… 37
- 平行移動 …… 23, 30
- 平方完成 …… 28
- 変域 …… 10
- 変化の割合 …… 7
- 放物線 …… 1
- 放物線の相似 …… 18

ま行

- 無理関数 …… 46

わ行

- y 軸対称 …… 25

記号

- $y=f(x)$ …… 1
- $|a|$ …… 34
- $P \Longleftrightarrow Q$ …… 51
- D （判別式） …… 51
- $[a]$ （ガウス記号） …… 79

Aクラスブックス　2次関数と2次方程式

2014年9月　初版発行

著　者　　矢島　弘　　　成川康男
　　　　　深瀬幹雄　　　藤田郁夫
発行者　　斎藤　亮
組版所　　錦美堂整版
印刷所　　光陽メディア
製本所　　井上製本所

発行所　　昇龍堂出版株式会社
〒101-0062　東京都千代田区神田駿河台2-9
TEL 03-3292-8211　FAX 03-3292-8214
振替 00100-9-109283

落丁本・乱丁本は，送料小社負担にてお取り替えいたします
ホームページ http://www.shoryudo.co.jp/
ISBN978-4-399-01304-9 C6341 ¥900E　　　Printed in Japan

本書のコピー，スキャン，デジタル化等の無断複製は著作権法上
での例外を除き禁じられています。本書を代行業者等の第三者に
依頼してスキャンやデジタル化することは，たとえ個人や家庭内
での利用でも著作権法違反です。

Aクラスブックス

2次関数と2次方程式

…解答編…

この解答編は薄くのりづけされています。軽く引けば取りはずすことができます。

1章　2次関数 $y = ax^2$ ……………………………… 1
2章　2次関数 $y = ax^2 + bx + c$ ………………… 8
3章　2次関数と2次方程式・2次不等式 …… 19

昇龍堂出版

1章 2次関数 $y=ax^2$

問1 (1) $y=\dfrac{1}{5}x^2$ のグラフ

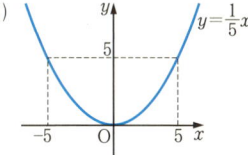

(2) $y=-\dfrac{2}{3}x^2$ のグラフ

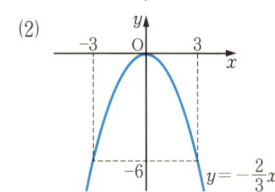

(3) $y=0.3x^2$ のグラフ

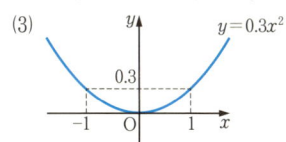

問2 (1) (オ) (2) $y=-\sqrt{2}\,x^2$ (3) (ウ)
(4) (キ), (ア), (エ), (カ), (イ), (ウ), (オ)

問3 (1) $a=-3$ (2) $b=-60$
解説 (1) $-15=a\cdot(\sqrt{5})^2$
(2) $b=a\cdot(-2\sqrt{5})^2$

問4 (1) $y=\dfrac{1}{2}x^2$ (2) $y=\dfrac{9}{2}$
(3) $x=\pm\sqrt{10}$
解説 (1) $y=ax^2$ ($a\neq 0$) に $x=4$, $y=8$ を代入する。

問5 (1) $y=27$ (2) $y=3x^2-4x+6$
解説 (1) $y=a(x+1)^2$ ($a\neq 0$) と表すことができる。
$x=-2$ のとき $y=3$ であるから,
$3=a(-2+1)^2$ よって, $a=3$
(2) $y=ax^2+b(2x-3)$
($a\neq 0$, $b\neq 0$) と表すことができる。
$x=1$ のとき $y=5$,
$x=3$ のとき $y=21$ であるから,
$5=a\cdot 1^2+b(2\cdot 1-3)$
$21=a\cdot 3^2+b(2\cdot 3-3)$
よって, $a=3$, $b=-2$

問6 $a=-8$
解説 $\dfrac{a\cdot(-1)^2-a\cdot(-7)^2}{-1-(-7)}=64$
別解 $a\{-7+(-1)\}=64$

問7 $a=\dfrac{4}{21}$
解説 $\dfrac{-\dfrac{1}{3}\cdot(-1)^2-\left\{-\dfrac{1}{3}\cdot(-3)^2\right\}}{-1-(-3)}$
$=\dfrac{4}{3}$ より, $\dfrac{a\cdot 5^2-a\cdot 2^2}{5-2}=\dfrac{4}{3}$
別解 $-\dfrac{1}{3}\{-3+(-1)\}=a(2+5)$

問8 (1) $y\leq -2$ (2) $-\dfrac{9}{2}\leq y\leq 0$
(3) $y\leq 0$ (4) $-18\leq y\leq -2$
(5) $-\dfrac{9}{2}<y<-2$ (6) $-\dfrac{81}{8}<y\leq 0$

解説 (グラフ)

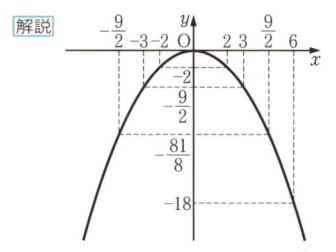

問9 (1) 値域 $2\leq y\leq 18$
最大値 18 ($x=-3$ のとき)
最小値 2 ($x=-1$ のとき)
(2) 値域 $0\leq y\leq\dfrac{9}{2}$
最大値 $\dfrac{9}{2}$ ($x=-3$, 3 のとき)
最小値 0 ($x=0$ のとき)
(3) 値域 $-45\leq y\leq 0$
最大値 0 ($x=0$ のとき)
最小値 -45 ($x=3$ のとき)
(4) 値域 $y\leq 0$
最大値 0 ($x=0$ のとき)
最小値 なし

問10 (1) $a=-\dfrac{3\sqrt{2}}{2}$ (2) $a=\dfrac{1}{2}$, $b=0$

解説 グラフは次の図のようになる。
(1) グラフより，$a^2=\dfrac{9}{2}$
(2) グラフより，$a\cdot(-4)^2=8$
値域は，$0\leqq y\leqq 8$

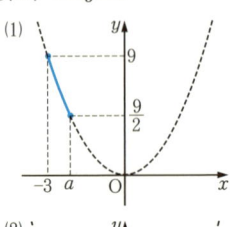

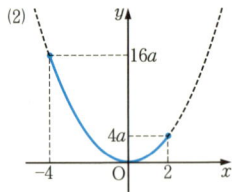

1 (1) $a=-\dfrac{1}{2}$ (2) $A\left(\dfrac{4}{3},\ \dfrac{4}{9}\right)$

(3) $A\left(\dfrac{8}{3},\ \dfrac{16}{9}\right)$

解説 (2) 点 A の x 座標を p とおくと，$A\left(p,\ \dfrac{1}{4}p^2\right)$，$D\left(p,\ -\dfrac{1}{2}p^2\right)$

$AB=2AD$ より，
$2p=2\left(\dfrac{1}{4}p^2+\dfrac{1}{2}p^2\right)$

$p\neq 0$ より，$p=\dfrac{4}{3}$

(3) $AB=AD$ より，
$2p=\dfrac{1}{4}p^2+\dfrac{1}{2}p^2$

$p\neq 0$ より，$p=\dfrac{8}{3}$

2 $y=4x^2-\dfrac{2}{x}$

解説 y は x^2 に比例する数と x に反比例する数の和であるから，
$y=ax^2+\dfrac{b}{x}$ ($a\neq 0$, $b\neq 0$) と表すことができる。

$x=1$ のとき $y=2$ であるから，
$2=a+b$

$x=2$ のとき $y=15$ であるから，
$15=4a+\dfrac{b}{2}$

3 $a=-4$, 3

解説 変化の割合は $a\{a+(a+2)\}$ であるから，$2a(a+1)=24$

4 $a=-\dfrac{1}{10}$

解説 $y=ax^2$, $y=-\dfrac{2}{x}$ の変化の割合が等しいから，

$a\{-4+(-1)\}=\dfrac{2-\dfrac{1}{2}}{-1-(-4)}$

5 $a=\dfrac{3}{2}$, $b=4$

または $a=-\dfrac{3}{2}$, $b=-2$

解説 $y=ax^2$ の値域は，
$a>0$ のとき，$0\leqq y\leqq 4a$
$a<0$ のとき，$4a\leqq y\leqq 0$
$y=2x+b$ の値域は，
$-4+b\leqq y\leqq 2+b$

6 (1) $a=-2$
(2) 最大値 -2 ($x=1$ のとき)
　　最小値 -32 ($x=4$ のとき)

解説 (1) 最小値が -18 であるから，$a<0$ であり，$x=-3$ のとき最小値をとる。

7 $a=\dfrac{1}{12}$

解説 点 P の x 座標を p とすると，
$P(p,\ ap^2)$
$AP^2=PH^2$ より，
$p^2+(ap^2-3)^2=(ap^2+3)^2$
$p\neq 0$ に注意すること。

問11 (1) $\left(\dfrac{2}{3},\ 4\right)$

(2) $\left(-\dfrac{3}{2},\ \dfrac{9}{2}\right)$, $(4,\ 32)$

解説 (1) $9x^2=12x-4$
(2) $2x^2=5x+12$

問12 $M\left(\dfrac{5}{2}, -\dfrac{13}{2}\right)$, $AB=\sqrt{26}$

解説 $-x^2=-5x+6$ より，
$(x-2)(x-3)=0$ であるから，
$x=2, 3$
2つの共有点の座標は，$(2, -4)$，$(3, -9)$ である。
よって，
$M\left(\dfrac{2+3}{2}, \dfrac{(-4)+(-9)}{2}\right)$,
$AB=\sqrt{(3-2)^2+\{(-9)-(-4)\}^2}$

問13 (1) $A(-4, -16)$, $B(2, -4)$
(2) 24 (3) $C(-2, -4)$
(4) $y=3x-4$

解説 (2) 直線 AB と y 軸との交点を D とすると，
$\triangle ABO = \triangle ADO + \triangle BDO$
$= \dfrac{1}{2}\cdot 8\cdot 4 + \dfrac{1}{2}\cdot 8\cdot 2$

(3) $AB \parallel CO$ より，直線 CO の式は，
$y=2x$

(4) 点 A と線分 BC の中点を通る直線の式を求める。

8 (1) $a=1$, $b=35$ (2) $a=8$

解説 (1) 連立方程式
$\begin{cases} 25a=-10+b \\ 49a=14+b \end{cases}$ を解く。

(2) 2直線 $y=2x+3$, $y=\dfrac{1}{2}x+\dfrac{9}{4}$
の交点が $y=ax^2$ 上にある。

9 (1) $a=\pm 3$
(2) $a=\dfrac{1}{5}$, $b=3$
　　交点の座標 $(5, 5)$, $(10, 20)$

解説 (1) $A(-2, 4a)$, $B(1, a)$,
$AB^2=(3\sqrt{10})^2$ であるから，
$\{1-(-2)\}^2+(a-4a)^2=(3\sqrt{10})^2$

(2) $x^2-15x+50=0$ より，
$x=5, 10$
$x=5$ のとき，$25a=5b-10$
$x=10$ のとき，$100a=10b-10$

参考 (2) 2つの2次方程式
$x^2-15x+50=0$ と $ax^2=bx-10$
は一致する。

10 (1) $\dfrac{1}{9} \leqq a \leqq 1$
(2) $b=25a$，最も小さい整数 3

解説 (2) (1)より，$\dfrac{1}{9} \leqq a \leqq 1$
$b=25a$ であるから，$\dfrac{25}{9} \leqq b \leqq 25$

11 (1) $a=-\dfrac{1}{2}$ (2) $y=-x-4$
(3) $b=-16$, $c=-128$
(4) $b=4\sqrt{2}$, $c=-16$

解説 (2) $A(-2, -2)$, $B(4, -8)$
を通る直線が ℓ である。

(3) $y=-\dfrac{1}{2}x^2$ において，x の値が b から 4 まで増加するときの変化の割合が 6 であるから，
$-\dfrac{1}{2}(b+4)=6$

(4) グラフは次の図のようになる。
B は線分 AC の中点であるから，
$\dfrac{0+c}{2}=-8$

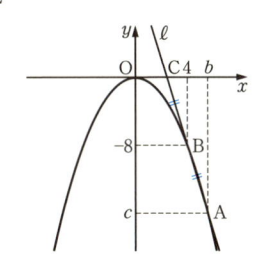

12 (1) $a=\dfrac{1}{4}$ (2) $C(-2, 1)$ (3) 12

解説 (2) $y=ax^2$ のグラフは y 軸について対称であるから，点 B，C は y 軸について対称である。
また，$BC=AD=4$

(3) (平行四辺形 ABCD) $=4(4-1)$

13 (1) $a=\dfrac{1}{2}$ (2) $B\left(3, \dfrac{9}{2}\right)$
(3) $y=\dfrac{1}{2}x+3$
(4) $\left(1, \dfrac{1}{2}\right)$, $\left(-3, \dfrac{9}{2}\right)$, $(4, 8)$

解説 (2) △OAC：△OBC＝2：3 より，AC：CB＝2：3
(4) Dは，Oを通りABに平行な直線 $y=\dfrac{1}{2}x$ と放物線との共有点，または，E(0, 6)を通りABに平行な直線 $y=\dfrac{1}{2}x+6$ と放物線との共有点である。

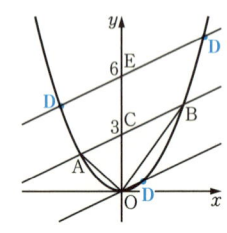

14 (1) 毎秒 2cm

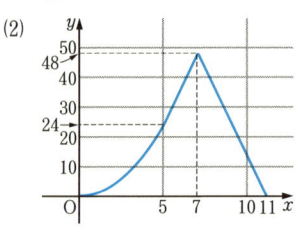

(2)

(3) $\dfrac{5\sqrt{3}}{2}$, $\dfrac{19}{2}$

解説 (1) 次の図で，
$AB=\sqrt{AE^2+BE^2}=\sqrt{8^2+6^2}=10$
（台形 ABCD）$=\dfrac{1}{2}(12+20)\cdot 6=96$
であるから，$y=48$ は，
台形 ABCD の面積のちょうど半分になるときである。
7秒後にPが点Mの位置にくるときを考える。

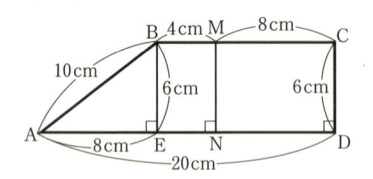

(2) $0\leqq x\leqq 5$ のとき，
$y=\dfrac{1}{2}\cdot\dfrac{8}{5}x\cdot\dfrac{6}{5}x=\dfrac{24}{25}x^2$
$5<x\leqq 7$ のとき，
$y=24+6(2x-10)=12x-36$
$7<x\leqq 11$ のとき，
$y=6(22-2x)=-12x+132$
(3) (2)のグラフと直線 $y=18$ との交点は，$0\leqq x\leqq 5$ の部分と，$7<x\leqq 11$ の部分にある。
よって，$\dfrac{24}{25}x^2=18$ （$0\leqq x\leqq 5$）
$-12x+132=18$ （$7<x\leqq 11$）

1 (1) $a=\dfrac{1}{2}$ (2) 48 (3) $-1+\sqrt{7}$

解説 (1) A(-2, $4a$)，B(4, $16a$) より，$a(-2+4)=1$
(2) 直線 AB：$y=x+4$ と y 軸との交点をEとすると，E(0, 4)
□ABCD$=4\triangle$OAB
$=4(\triangle OAE+\triangle OBE)$
$=4\left(\dfrac{1}{2}\cdot 4\cdot 2+\dfrac{1}{2}\cdot 4\cdot 4\right)$
(3) 線分 OB を 1：3 の比に分ける点を B' とすると，B(4, 8) より，B'(1, 2)
$\triangle B'AC=\dfrac{1}{4}\triangle BAC=\dfrac{1}{8}$□ABCD
点 P の x 座標を p とする。
$\triangle B'AC=\triangle PAC$ より，B'P∥AC
であるから，$\dfrac{\dfrac{1}{2}p^2-2}{p-1}=\dfrac{-2-2}{2-(-2)}$
$0<p<4$ に注意すること。

2 (1) $a=2$ (2) $-\dfrac{8}{9}$, $\dfrac{62}{9}$
(3) $b=18\pm 2\sqrt{35}$

解説 (1) A(3, $9a$)，B(-4, $16a$)，C(-2, $4a$) より，直線 AB，AC の傾きはそれぞれ $-a$，a となる。
よって，$a=-a+4$
(2) $\triangle ABC=\triangle APQ$ より，
$AB\cdot AC=AP\cdot AQ$
直線 AC は $y=2x+12$ であるから，
Q(-6, 0)

よって，
AC：AQ＝{3−(−2)}：{3−(−6)}
＝5：9
ゆえに，AB：AP＝9：5
点Pのx座標をpとすると，
$p>3$ のとき，
{3−(−4)}：$(p-3)$＝9：5
$p<3$ のとき，
{3−(−4)}：$(3-p)$＝9：5

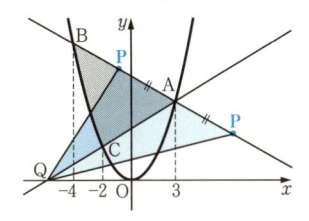

(3) 直線AC上に点C′を，点Aが線分CC′の中点となるようにとると，点C′のx座標は8である。
AC＝C′A より，△ABC＝△ABC′
よって，AB・AC′＝AP・AQ であるから，A，B，C′，P，Qのy座標に着目すると，A，B，C′のy座標は，それぞれ18，32，28であるから，
$b>18$ のとき，$(32-18) \cdot (28-18)$
$=(b-18) \cdot (b-18)$
$b<18$ のとき，$(32-18) \cdot (28-18)$
$=(18-b) \cdot (18-b)$
ゆえに，$(b-18)^2=140$

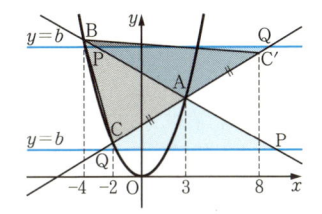

注意 右の図で，次のことが成り立つ。
△ABC：△APQ
＝AB・AC：AP・AQ

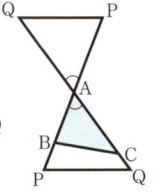

3 (1)(i) $a=1$
 (ii) $p=\dfrac{\sqrt{3}-1}{2}$，面積 3

(2)(i) $p=3$ (ii) $a=\dfrac{2}{5}$

解説 次の図のように，点Hをとる。
(1)(i) △CAH は ∠AHC＝90°の直角二等辺三角形であるから，
AH＝CH より，
$p+1-(-p)=a(p+1)^2-a(-p)^2$
$p>0$ に注意すること。
(ii) △CBH で，∠CBH＝60°，
∠BHC＝90° であるから，
BH：CH＝1：$\sqrt{3}$
点Bのx座標はpであるから，
BH＝$p+1-p=1$
よって，CH＝$\sqrt{3}$
また，(四角形 ABCD)
$=\dfrac{1}{2}(\mathrm{AB}+\mathrm{CD}) \cdot \mathrm{CH}$
$=\dfrac{1}{2}\{2p+2(p+1)\} \cdot \sqrt{3}$

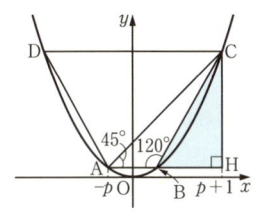

参考 (1)(i) 直線ACの傾きは1であるから，$a(-p+p+1)=1$
(ii) 点Bのx座標はpで，直線BCの傾きは$\sqrt{3}$ であるから，
$a(p+p+1)=\sqrt{3}$
としてもよい。

(2)(i) △ADE＝$\dfrac{1}{2}$DE・CH

(台形 ABCE)＝$\dfrac{1}{2}$(AB＋CE)・CH

AB＝$6t$，DE＝$7t$ とおくと，
△ADE＝(台形 ABCE) より，
CE＝t
点B，Cのx座標をそれぞれtで表すと，$3t$，$4t$であるから，

$p=3t$, $p+1=4t$
(ii) (i)より，A$(-3,\ 9a)$，
E$(3,\ 16a)$
線分 AE と y 軸との交点を F とすると，F は線分 AE の中点であるから，△AOF＝△EOF
よって，△AOE＝2△AOF
$=2\left(\dfrac{1}{2}\text{OF}\cdot 3\right)=\dfrac{9a+16a}{2}\cdot 3$

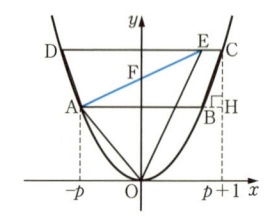

4 (1) $-2p$ (2) $3:4$
(3) $a=\dfrac{1}{9}$, $p=3\sqrt{3}$

[解説] (1) 次の図のように，点 F，G をとると，△ACF∽△BCG
AF：BG＝$4ap^2:ap^2=4:1$
よって，CF：CG＝4：1
(2) A$(2p,\ 4ap^2)$, B$(-p,\ ap^2)$,
D$(p,\ ap^2)$ より，直線 AB，OD の傾きはともに ap となるから，
AB∥OD
よって，△ABD：△ACO＝AB：AC

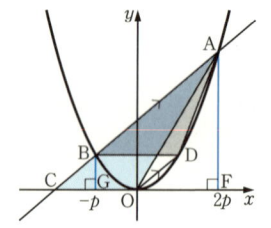

[別解] (2) △ABD
$=\dfrac{1}{2}\cdot 2p(4ap^2-ap^2)$
△ACO$=\dfrac{1}{2}\cdot 2p\cdot 4ap^2$
よって，
△ABD：△ACO$=3ap^3:4ap^3$

[解説] (3) 次の図のように，直線 AB と ED との交点を M とし，直線 AB，BD と y 軸との交点をそれぞれ I，H とする。BM は線分 DE の垂直二等分線であるから，
BE＝BD＝$2p$
△EBH で，∠BHE＝90°，
EB：BH＝2：1 であるから，
EH＝$\sqrt{3}$ BH
また，△EOD で，EM＝MD，
IM∥OD より，EI＝IO
△HIB≡△HOD より，HI＝HO
よって，EH＝EI＋IH＝6＋3＝9
ゆえに，$\sqrt{3}\,p=9$
また，OH＝$ap^2=3$

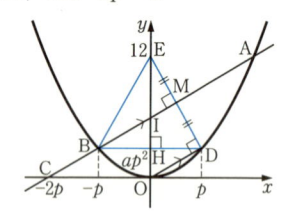

[参考] (3) △BDE は正三角形であるから，その性質を利用してもよい。

5 (1) A$(-1,\ a)$, C$(3,\ 9a)$ より，直線 AC の方程式は，
$y=2ax+3a$
$y=0$ のとき，$a\neq 0$ であるから，
$x=-\dfrac{3}{2}$
よって，E$\left(-\dfrac{3}{2},\ 0\right)$
また，B$(-1,\ b)$, D$(3,\ 9b)$ より，直線 BD の方程式は，
$y=2bx+3b$
この式で，$x=-\dfrac{3}{2}$ のとき $y=0$
ゆえに，直線 BD は点 E を通る。
(2) $1:81$ (3) $c=\dfrac{-3+\sqrt{41}}{2}$
(4) $a=\dfrac{3}{8}$, $b=\dfrac{1}{4}$

[解説] (2) △AEB∽△CED，
AB：CD＝$(a-b):(9a-9b)$

$=1:9$ より,
$\triangle AEB:\triangle CED=AB^2:CD^2$
(3) 次の図のように, 直線 AC, BD と直線 $x=c$ との交点をそれぞれ P, Q とする。
(2)より, $\triangle AEB:\triangle CED=1:81$ であるから,
$\triangle AEB:\triangle PEQ=1:41$
よって, $EA^2:EP^2=1:41$
ゆえに, $EA:EP=1:\sqrt{41}$
$\left\{-1-\left(-\dfrac{3}{2}\right)\right\}:\left\{c-\left(-\dfrac{3}{2}\right)\right\}$
$=1:\sqrt{41}$

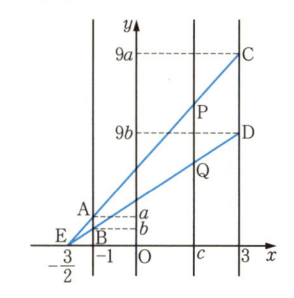

(4) 点 A から直線 $x=3$ に垂線 AH を引く。
$\triangle AHC$ で, $\angle AHC=90°$, $AC=5$, $AH=3-(-1)=4$ であるから,
$CH=3$ また, $CH=9a-a=8a$
(2)より, (台形 ABDC)
$=\dfrac{1}{2}\{(a-b)+9(a-b)\}\cdot 4$

6 (1) $a=\dfrac{1}{2}$ (2) $a=\dfrac{2}{3}$
(3) $D(ap^2-2,\ 2-p)$
(4) $a=\dfrac{1+\sqrt{3}}{2}$

解説 (1) 図1で, $A(2,\ 2)$

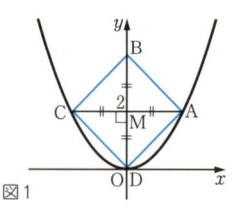

図1

(2) 図2で, $AA'=2MO=4$
$A(t,\ 4)$ とおくと, $C(-t,\ 0)$
(正方形 ABCD)$=\dfrac{1}{2}AC^2$ より,
$\dfrac{1}{2}\{(2t)^2+4^2\}=20$
よって, $t^2=6$

図2

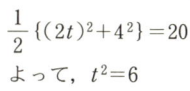

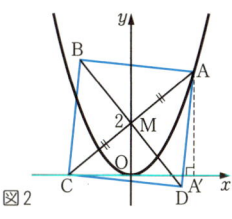

(3) 図3で, $\triangle MDF \equiv \triangle AME$ より,
$DF=ME$, $MF=AE$

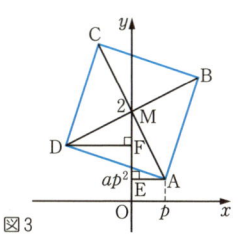

図3

(4) 図4で, D が x 軸上にあるから,
(3)より, $2-p=0$ $p=2$
よって, $D(4a-2,\ 0)$
線分 BD の中点が $M(0,\ 2)$ であるから, $B(-4a+2,\ 4)$
点 B は $y=\dfrac{1}{3}x^2$ 上にあるから,
$4=\dfrac{1}{3}(-4a+2)^2$

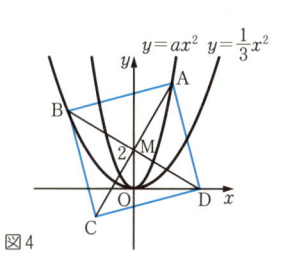

図4

2章 2次関数 $y=ax^2+bx+c$

問1 (1) 軸は $x=0$, 頂点は (0, 1)

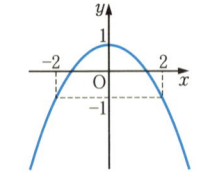

(2) 軸は $x=-3$, 頂点は $(-3, 0)$

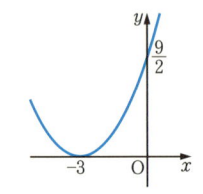

(3) 軸は $x=1$, 頂点は (1, 2)

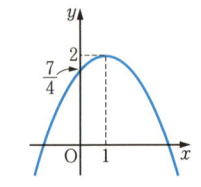

問2 $y=8(x-2)^2-7$

問3 (1) $y=-2x-4$

(2) x 軸対称 $y=(x-2)^2-5$
y 軸対称 $y=-(x+2)^2+5$
原点対称 $y=(x+2)^2-5$

解説 (1) x を $-x$ に, y を $-y$ に置き換えると, $-y=-2(-x)+4$

(2) x 軸対称は y を $-y$ に,
y 軸対称は x を $-x$ に,
原点対称は x を $-x$ に, y を $-y$ に
それぞれ置き換える。
x 軸: $-y=-(x-2)^2+5$
y 軸: $y=-\{(-x)-2\}^2+5$
原点: $-y=-\{(-x)-2\}^2+5$

問4 (1) 軸は $x=1$, 頂点は (1, 2)

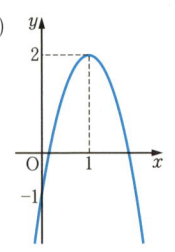

(2) 軸は $x=-1$, 頂点は $(-1, -9)$

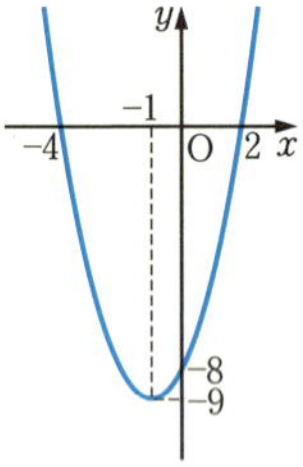

解説 (1) $y=-3(x-1)^2+2$
(2) $y=(x+1)^2-9$

問5 (1) $a>0$, $b>0$, $c>0$, $b^2-4ac<0$
(2) $a<0$, $b>0$, $c<0$, $b^2-4ac=0$

解説 頂点は,
$\left(-\dfrac{b}{2a},\ -\dfrac{b^2-4ac}{4a}\right)$

(1) $-\dfrac{b}{2a}<0$, $-\dfrac{b^2-4ac}{4a}>0$

(2) $-\dfrac{b}{2a}>0$, $-\dfrac{b^2-4ac}{4a}=0$

問6 (1) $y=-2x^2+17x-37$

(2) $y=-2x^2-3x-6$

(3) x 軸方向に $\dfrac{1}{2}$, y 軸方向に -11 平行移動したもの

解説 (1) 求める放物線は,
$y-7=-2(x-4)^2+(x-4)-8$

(2) 放物線 C を x 軸方向に -1, y 軸方向に 3 平行移動した放物線が求める放物線であるから,
$y-3=-2(x+1)^2+(x+1)-8$

(3) $y=-2x^2+x-8$
$=-2\left(x-\dfrac{1}{4}\right)^2-\dfrac{63}{8}$ より,

頂点は $\left(\dfrac{1}{4},\ -\dfrac{63}{8}\right)$

$y=-2x^2-x+3$
$=-2\left(x+\dfrac{1}{4}\right)^2+\dfrac{25}{8}$ より,

頂点は $\left(-\dfrac{1}{4},\ \dfrac{25}{8}\right)$

問7 (1) $y=-2(x-1)^2+2$
　　　$(y=-2x^2+4x)$
(2) $y=-(x+1)^2-3$
　　　$(y=-x^2-2x-4)$
(3) $y=-\dfrac{1}{4}x^2-\dfrac{3}{2}x-2$
(4) $y=x^2-2x-4$

解説 (2) $y=a(x+1)^2+q$ とする。
グラフが点 $(1,\ -7)$, $(2,\ -12)$ を通るから,
$-7=a(1+1)^2+q$
$-12=a(2+1)^2+q$
(3) $y=a(x+4)(x+2)$ とする。
グラフが点 $(0,\ -2)$ を通るから,
$-2=a(0+4)(0+2)$
(4) $y=ax^2+bx+c$ とする。
グラフが点 $(-1,\ -1)$, $(2,\ -4)$, $(3,\ -1)$ を通るから,
$-1=a-b+c$ 　$-4=4a+2b+c$
$-1=9a+3b+c$

問8 $y=(x-2)^2$ または $y=9\left(x+\dfrac{2}{3}\right)^2$

解説 頂点が x 軸上にあるから,
$y=a(x-p)^2$ と表される。
グラフが点 $(0,\ 4)$, $(-2,\ 16)$ を通るから,
$4=a(0-p)^2$ ……①
$16=a(-2-p)^2$ ……②
②$-4\times$① より,
$0=a(-2-p)^2-4ap^2$
$a\neq 0$ であるから,
$(p+2)^2-4p^2=0$
$(3p+2)(p-2)=0$
よって, $p=2,\ -\dfrac{2}{3}$

問9 (1)

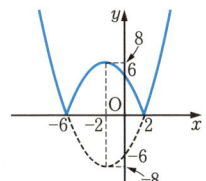

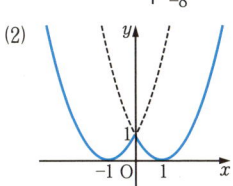

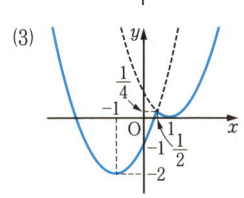

(2)

(3)

解説 (1) x 軸より下側の部分を x 軸に関して対称移動する。
(2) $x^2-2|x|+1$
$=\begin{cases} x^2-2x+1 & (x\geq 0 \text{ のとき}) \\ x^2+2x+1 & (x<0 \text{ のとき}) \end{cases}$
$=\begin{cases} (x-1)^2 & (x\geq 0 \text{ のとき}) \\ (x+1)^2 & (x<0 \text{ のとき}) \end{cases}$
(3) $x^2-|2x-1|$
$=\begin{cases} x^2-2x+1 & \left(x\geq \dfrac{1}{2} \text{ のとき}\right) \\ x^2+2x-1 & \left(x<\dfrac{1}{2} \text{ のとき}\right) \end{cases}$
$=\begin{cases} (x-1)^2 & \left(x\geq \dfrac{1}{2} \text{ のとき}\right) \\ (x+1)^2-2 & \left(x<\dfrac{1}{2} \text{ のとき}\right) \end{cases}$

問10 (1)

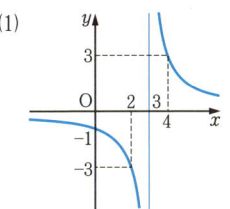

漸近線は $x=3,\ y=0$

(2)

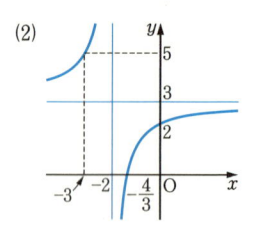

漸近線は $x=-2$, $y=3$

[解説] (1) $y=\dfrac{3}{x-3}$ であるから,

$y=\dfrac{3}{x}$ のグラフを x 軸方向に 3 平行移動する。

(2) $y=-\dfrac{2}{x+2}+3$ であるから,

$y=-\dfrac{2}{x}$ のグラフを x 軸方向に -2, y 軸方向に 3 平行移動する。

1 (ア) $-5a-17$ (イ) 0 (ウ) -17
(エ) $-10\pm 4\sqrt{2}$

[解説] $y=x^2+ax+b$ に $x=5$, $y=8$ を代入すると, $8=5^2+5a+b$
また, 放物線 C の頂点は,

$\left(-\dfrac{a}{2},\ -\dfrac{a^2}{4}+b\right)$

頂点が y 軸上にあるとき, $-\dfrac{a}{2}=0$

頂点が x 軸上にあるとき,

$-\dfrac{a^2}{4}+b=0$

2 (1) $y=x^2+2x$
$\quad(y=(x+1)^2-1)$
(2) $y=-x^2+6x-6$
$\quad(y=-(x-3)^2+3)$
(3) $y=-x^2-2x+4$
$\quad(y=-(x+1)^2+5)$

[解説] $y=x^2-6x+8=(x-3)^2-1$
より, 頂点は $(3, -1)$ である。
(1) 頂点と直線 $x=1$ に関して対称な点を $(a, -1)$ とすると, 求める放物線は, $y=(x-a)^2-1$ と表される。

このとき, $\dfrac{3+a}{2}=1$ より, $a=-1$

(2) 頂点と直線 $y=1$ に関して対称な点を $(3, b)$ とすると, 求める放物線は, $y=-(x-3)^2+b$ と表される。

このとき, $\dfrac{-1+b}{2}=1$ より, $b=3$

(3) 頂点と点 $(1, 2)$ に関して対称な点を (c, d) とすると, 求める放物線は, $y=-(x-c)^2+d$ と表される。

このとき, $\dfrac{3+c}{2}=1$, $\dfrac{-1+d}{2}=2$

より, $c=-1$, $d=5$

3 $a=2$, $b=-2$

[解説] $y=x^2+4x=(x+2)^2-4$,

$y=\dfrac{1}{2}x^2+ax+b$

$=\dfrac{1}{2}(x+a)^2-\dfrac{a^2}{2}+b$ より,

2つの2次関数のグラフの頂点は, それぞれ

$(-2, -4)$, $\left(-a,\ -\dfrac{a^2}{2}+b\right)$

[参考] $y=x^2+4x$ の頂点は
$(-2, -4)$ であるから,
$y=\dfrac{1}{2}(x+2)^2-4$ と

$y=\dfrac{1}{2}x^2+ax+b$ が一致することから, a, b の値を求めてもよい。

4 $y=-x^2-4x-6$

[解説] 2次関数 $y=x^2+2x$ のグラフを x 軸方向に 3 平行移動すると,
$y=(x-3)^2+2(x-3)$
つぎに, 原点に関して対称移動すると,
$-y=(-x-3)^2+2(-x-3)$
さらに, y 軸方向に -3 平行移動すると,
$-(y+3)=(-x-3)^2+2(-x-3)$

[別解] 2次関数 $y=x^2+2x$
$=(x+1)^2-1$ のグラフの
頂点 $(-1, -1)$ を, x 軸方向に 3 平行移動すると点 $(2, -1)$ に, つぎに, 原点に関して対称移動すると

点 $(-2, 1)$ に，さらに，y 軸方向に -3 平行移動すると点 $(-2, -2)$ に移る。
原点に関する対称移動により，下に凸が上に凸にかわるから，求めるグラフの方程式は，
$y=-(x+2)^2-2$

5 $a=3, b=8$

解説 放物線 $C: y-b=-2(x-a)^2$
より，$y=-2x^2+4ax-2a^2+b$
放物線 C は，$y=2x^2-12x+10$ を x 軸に関して対称移動した放物線 $-y=2x^2-12x+10$ と一致する。
よって，$4a=12$, $-2a^2+b=-10$

6 $a=1, b=5$ または $a=2, b=9$

解説 $y=x^2+2ax+b$ が点 $(-2, 5)$ を通るから，
$5=(-2)^2+2a\cdot(-2)+b$
よって，$b=4a+1$
$y=x^2+2ax+b=(x+a)^2-a^2+b$
より，頂点は $(-a, -a^2+b)$ で，これが直線 $y=-x+3$ 上にあるから，$-a^2+b=-(-a)+3$
よって，$-a^2+b=a+3$

別解 頂点の x 座標を p とおくと，頂点は $(p, -p+3)$ と表される。
このとき，放物線
$y=(x-p)^2-p+3$ が点 $(-2, 5)$ を通るから，$5=(-2-p)^2-p+3$
よって，$p^2+3p+2=0$

7 (1) $a=2, b=-4, c=-6$
(2) $(3, 0)$

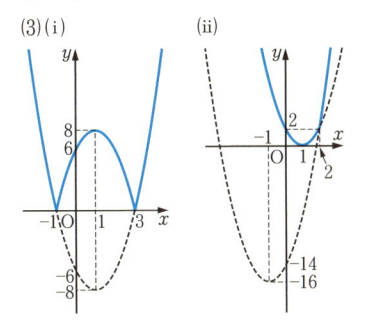

(3) (i) (ii)

解説 (1) 頂点が $(1, -8)$ であるから，$y=a(x-1)^2-8$ と表される。
これが点 $(-1, 0)$ を通るから，
$0=a(-1-1)^2-8$

(3) (ii) $y=2x^2+|-4x+8|-6$
$=2x^2+4|x-2|-6$
$=\begin{cases} 2x^2+4(x-2)-6 \\ \quad (x\geq 2 \text{ のとき}) \\ 2x^2-4(x-2)-6 \\ \quad (x<2 \text{ のとき}) \end{cases}$
$=\begin{cases} 2(x+1)^2-16 & (x\geq 2 \text{ のとき}) \\ 2(x-1)^2 & (x<2 \text{ のとき}) \end{cases}$

問11 (1) 最大値 $\dfrac{9}{4}$ $\left(x=\dfrac{5}{2}\text{ のとき}\right)$
最小値 なし
(2) 最大値 なし
最小値 $\dfrac{71}{72}$ $\left(x=-\dfrac{1}{6}\text{ のとき}\right)$

解説 (1) $y=-\left(x-\dfrac{5}{2}\right)^2+\dfrac{9}{4}$

(2) $y=\dfrac{1}{2}\left(x+\dfrac{1}{6}\right)^2+\dfrac{71}{72}$

問12 (1) 最大値 8 $(x=-2\text{ のとき})$
最小値 $-\dfrac{25}{12}$ $\left(x=-\dfrac{1}{6}\text{ のとき}\right)$
(2) 最大値 なし
最小値 -4 $(x=2\text{ のとき})$
(3) 最大値 0 $(x=0\text{ のとき})$
最小値 なし

解説 (1) $y=3\left(x+\dfrac{1}{6}\right)^2-\dfrac{25}{12}$
(2) $y=(x-2)^2-4$
(3) $y=-\dfrac{1}{3}(x+3)^2+3$

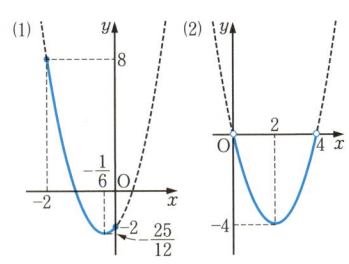

(3)

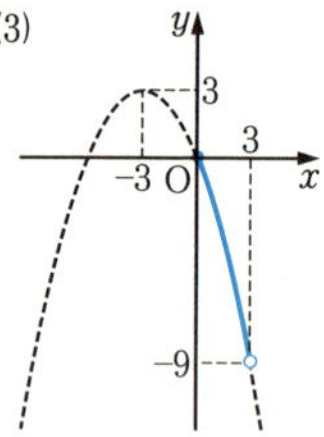

参考 値域はそれぞれ
(1) $-\dfrac{25}{12} \leqq y \leqq 8$
(2) $-4 \leqq y < 0$
(3) $-9 < y \leqq 0$
である。

問13 $a=0$, $b=2$
または $a=-4$, $b=-2$

解説 $y=-x^2+ax+b$ の最大値が2であるから，$y=-(x-p)^2+2$ と表される。
グラフが点 $(-1, 1)$ を通るから，
$1=-(-1-p)^2+2$
よって，$(p+1)^2=1$
$p+1=\pm 1$ より，$p=0$, -2

問14 $a=-\sqrt{2}$, $b=1-2\sqrt{2}$

解説 $y=ax^2-4x+b$ は，$x=a$ で最大値1をとるから，
$y=a(x-a)^2+1$ ……① と表される。
このとき，グラフは上に凸であるから，$a<0$
①より，$y=ax^2-2a^2x+a^3+1$ が $y=ax^2-4x+b$ と一致するから，
$-2a^2=-4$, $a^3+1=b$

問15 (1) 最大値 5 （$x=-2$, 0 のとき）
最小値 1 （$x=-\sqrt{2}$ のとき）
(2) 最大値 2 （$x=1$, $y=2$ のとき）
最小値 0 （$x=0$, $y=4$ または $x=2$, $y=0$ のとき）

解説 (1) $t=x^2$ とおくと，
$-2 \leqq x < 1$ より，
$0 \leqq t \leqq 4$
$y=t^2-4t+5$
$=(t-2)^2+1$
$0 \leqq t \leqq 4$ より，
$t=0$, 4 で最大値5，
$t=2$ で最小値1をとる。

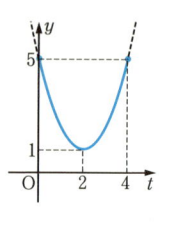

(2) $x \geqq 0$, $y=4-2x \geqq 0$ より，
$0 \leqq x \leqq 2$
$z=xy$ とすると，
$z=x(4-2x)$
$=-2x^2+4x$
$=-2(x-1)^2+2$
$0 \leqq x \leqq 2$ より，
$x=1$ で最大値2，
$x=0$, 2 で最小値0をとる。

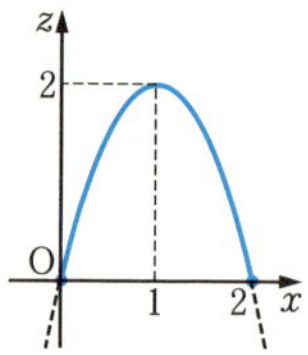

問16 (1) $0<a<6$ のとき，
$x=0$ で最大値 0
$a=6$ のとき，
$x=0$, 6 で最大値 0
$a>6$ のとき，
$x=a$ で最大値 $\dfrac{1}{2}a^2-3a$

(2) $0<a<3$ のとき，
$x=a$ で最小値 $\dfrac{1}{2}a^2-3a$
$a \geqq 3$ のとき，
$x=3$ で最小値 $-\dfrac{9}{2}$

解説 $f(x)=\dfrac{1}{2}(x^2-6x)$
$=\dfrac{1}{2}(x-3)^2-\dfrac{9}{2}$ より，$y=f(x)$ のグラフは下に凸の放物線で，軸は直線 $x=3$，頂点は $\left(3, -\dfrac{9}{2}\right)$ である。
また，グラフの対称性から，
$f(0)=f(6)=0$

(1)(i) $0<a<6$ のとき
$x=0$ で最大値
$f(0)=0$
をとる。

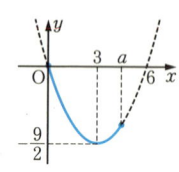

(ii) $a=6$ のとき
$x=0$, 6 で最大値
$f(0)=f(6)=0$
をとる。

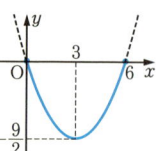

(iii) $a>6$ のとき
$x=a$ で最大値
$f(a)=\dfrac{1}{2}a^2-3a$
をとる。

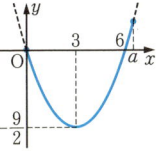

(2)(i) $0<a<3$ のとき
$x=a$ で最小値
$f(a)=\dfrac{1}{2}a^2-3a$
をとる。

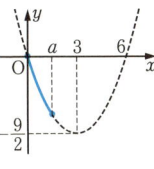

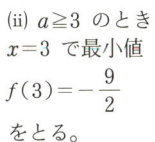

(ii) $a\geqq 3$ のとき
$x=3$ で最小値
$f(3)=-\dfrac{9}{2}$
をとる。

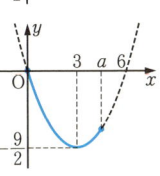

問17 (1) $a<0$ のとき，
  $x=0$ で最大値 1
  $0\leqq a<1$ のとき，
  $x=a$ で最大値 $\dfrac{1}{2}a^2+1$
  $a\geqq 1$ のとき，
  $x=1$ で最大値 $a+\dfrac{1}{2}$

(2) $a<\dfrac{1}{2}$ のとき，
  $x=1$ で最小値 $a+\dfrac{1}{2}$
  $a=\dfrac{1}{2}$ のとき，
  $x=0,\ 1$ で最小値 1
  $a>\dfrac{1}{2}$ のとき，
  $x=0$ で最小値 1

解説 $f(x)=-\dfrac{1}{2}x^2+ax+1$
$=-\dfrac{1}{2}(x-a)^2+\dfrac{1}{2}a^2+1$ より，
$y=f(x)$ のグラフは上に凸の放物線で，軸は直線 $x=a$，頂点は
$\left(a,\ \dfrac{1}{2}a^2+1\right)$ である。

(1)(i) $a<0$ のとき
$x=0$ で最大値
$f(0)=1$
をとる。

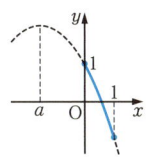

(ii) $0\leqq a<1$ のとき
$x=a$ で最大値
$f(a)=\dfrac{1}{2}a^2+1$
をとる。

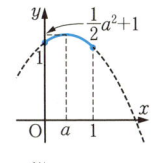

(iii) $a\geqq 1$ のとき
$x=1$ で最大値
$f(1)=a+\dfrac{1}{2}$
をとる。

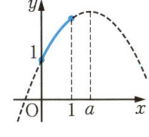

(2)(i) $a<\dfrac{1}{2}$ のとき
$x=1$ で最小値
$f(1)=a+\dfrac{1}{2}$
をとる。

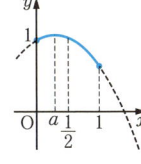

(ii) $a=\dfrac{1}{2}$ のとき
$x=0,\ 1$ で最小値
$f(0)=f(1)=1$
をとる。

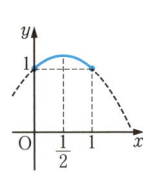

(iii) $a>\dfrac{1}{2}$ のとき
$x=0$ で最小値
$f(0)=1$
をとる。

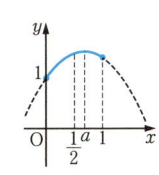

問18 (1)

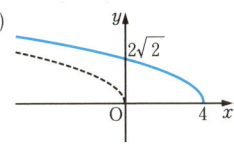

(2)

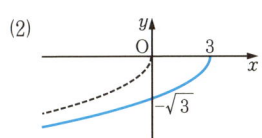

解説 (1) $y=\sqrt{8-2x}=\sqrt{-2(x-4)}$ であるから，$y=\sqrt{8-2x}$ のグラフは，$y=\sqrt{-2x}$ のグラフを x 軸方向に 4 平行移動したものである。

(2) $y=-\sqrt{-x+3}=-\sqrt{-(x-3)}$ であるから，$y=-\sqrt{-x+3}$ のグラフは，$y=-\sqrt{-x}$ のグラフを x 軸方向に 3 平行移動したものである。

8 $a=-1,\ b=4,\ c=2$

解説 $x=2$ で最大値をとるから，$y=a(x-2)^2+q\ (a<0)$ とおく。
グラフが点 $(3,\ 5)$, $(4,\ 2)$ を通るから，
$5=a(3-2)^2+q,\ 2=a(4-2)^2+q$
すなわち，$a+q=5,\ 4a+q=2$
これを解くと，$a=-1,\ q=6$

9 $y=-x^2-x+2$
または $y=-\dfrac{1}{4}x^2-x+\dfrac{5}{4}$

解説 最大値が $\dfrac{9}{4}$ であるから，
$y=a(x-p)^2+\dfrac{9}{4}\ (a<0)$ とおく。
グラフが点 $(1,\ 0)$, $(-1,\ 2)$ を通るから，$0=a(1-p)^2+\dfrac{9}{4}$,
$2=a(-1-p)^2+\dfrac{9}{4}$
すなわち，$a(p-1)^2=-\dfrac{9}{4}$ ……①，
$a(p+1)^2=-\dfrac{1}{4}$ ……②
②×$4(p-1)^2$−①×$4(p+1)^2$ より，
$9(p+1)^2-(p-1)^2=0$
$\{3(p+1)+(p-1)\}$
$\qquad \times\{3(p+1)-(p-1)\}=0$
$4(2p+1)(p+2)=0$
よって，$p=-\dfrac{1}{2},\ -2$

別解 $y=ax^2+bx+c\ (a<0)$ とおく。グラフが点 $(1,\ 0)$, $(-1,\ 2)$ を通るから，$0=a+b+c$ ……③，
$2=a-b+c$ ……④
③, ④より，$b=-1,\ c=1-a$

よって，$y=ax^2-x+1-a$
$=a\left(x-\dfrac{1}{2a}\right)^2-\dfrac{1}{4a}+1-a$

最大値が $\dfrac{9}{4}$ であるから，
$-\dfrac{1}{4a}+1-a=\dfrac{9}{4}$
両辺に $4a$ を掛けて整理すると，
$4a^2+5a+1=0$
$(a+1)(4a+1)=0$
よって，$a=-1,\ -\dfrac{1}{4}$

10 $x=1$ のとき，最小値 -3

解説 $y=3x^2-7x+1$ とおくと，
$y=3\left(x-\dfrac{7}{6}\right)^2-\dfrac{37}{12}$ より，
グラフは右の図のようになる。
$\dfrac{7}{6}$ に最も近い整数に対して，最小となる。

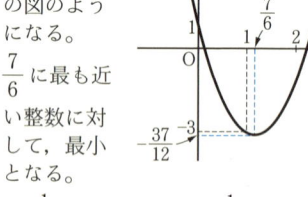

11 $a=\dfrac{1}{2}$ のとき，最大値 $\dfrac{1}{4}$

解説 $y=x^2-2ax+a$
$=(x-a)^2-a^2+a$ より，
$x=a$ のとき，最小値は
$m(a)=-a^2+a$ である。
$m(a)=-a^2+a=-\left(a-\dfrac{1}{2}\right)^2+\dfrac{1}{4}$

12 最大値 27
$(x=5$ のとき$)$
最小値 3
$(x=1$ のとき$)$

解説 $t=|x-1|$ とおくと，
$0\leqq x\leqq 5$ より，
$0\leqq t\leqq 4$
$y=t^2+2t+3$
$=(t+1)^2+2$
$t=4$ で最大値 27,
$t=0$ で最小値 3
をとる。

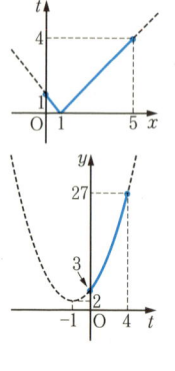

13 最小値 $\dfrac{1}{4}$

($x=0$, $y=-\dfrac{1}{2}$ のとき)

解説 $x=2y+1$ より，
x^2-xy+y^2
$=(2y+1)^2-(2y+1)y+y^2$
$=3y^2+3y+1=3\left(y+\dfrac{1}{2}\right)^2+\dfrac{1}{4}$

14 最小値 -1 ($x=1$, $y=2$ または $x=1$, $y=-2$ のとき)

解説 $y^2=4x$ において，
$y^2\geqq 0$ より，$x\geqq 0$
このとき，
$z=x^2-6x+y^2$ と
おくと，
$z=x^2-6x+4x$
$=x^2-2x$
$=(x-1)^2-1$

15 (1) $y=t^2+t+3$

(2) 最大値 15 ($x=1$ のとき)

最小値 $\dfrac{11}{4}$

($x=\dfrac{-2\pm\sqrt{2}}{2}$ のとき)

解説 (1) $y=x^4+4x^3+5x^2+2x+3$
$=(x^4+4x^3+4x^2)+(x^2+2x)+3$
$=(x^2+2x)^2+(x^2+2x)+3$

(2) $t=x^2+2x$
$=(x+1)^2-1$
$-2\leqq x\leqq 1$ より，
$-1\leqq t\leqq 3$
$y=t^2+t+3$
$=\left(t+\dfrac{1}{2}\right)^2+\dfrac{11}{4}$

$t=3$ で
最大値 15,
$t=-\dfrac{1}{2}$ で
最小値 $\dfrac{11}{4}$
をとる。

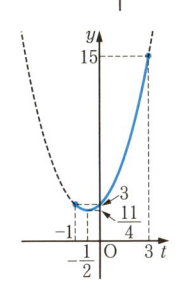

16 $a\leqq\dfrac{5}{2}$

解説 $f(x)=x^2-2ax+4$ とおくと，
$f(x)=(x-a)^2+4-a^2$ より，
$y=f(x)$ のグラフは下に凸の放物線で，軸は直線 $x=a$，頂点は $(a, 4-a^2)$ である。

(i) $a\leqq 0$ のとき
$0<x<1$ において，
$4<y<5-2a$
このとき，
つねに正となる。
ゆえに，$a\leqq 0$

(ii) $0<a<1$ のとき
$f(a)=4-a^2>0$
であればよい。
$0<a<1$ のとき，
$0<a^2<1$ より，
$4-a^2>0$ は，
つねに成り立つ。
ゆえに，$0<a<1$

(iii) $a\geqq 1$ のとき
$f(1)=5-2a\geqq 0$
であればよい。
ゆえに，$1\leqq a\leqq\dfrac{5}{2}$

(i), (ii), (iii)より，
$a\leqq\dfrac{5}{2}$

17 (1) $S=4t^2+4t+52$

(2) 最小値 51, Q$\left(-\dfrac{5}{2}, \dfrac{19}{4}\right)$

解説 (1) 2点 Q, R から x 軸に垂直に引いた直線と x 軸との交点をそれぞれ Q′, R′ とする。
Q, R の y 座標はそれぞれ
$(t-2)^2+(t-2)+1=t^2-3t+3$
$(t+6)^2+(t+6)+1=t^2+13t+43$
であるから，
$S=$(台形 QQ′R′R)
$\qquad -\triangle$PQQ′$-\triangle$PRR′
$=\dfrac{1}{2}\{(t^2-3t+3)+(t^2+13t+43)\}\cdot 8$
$\quad -\dfrac{1}{2}\cdot 2(t^2-3t+3)$
$\quad -\dfrac{1}{2}\cdot 6(t^2+13t+43)$

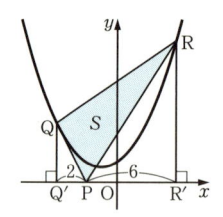

(2) $S=4\left(t+\dfrac{1}{2}\right)^2+51$

S は $t=-\dfrac{1}{2}$ で最小値をとる。

1 $y=(x-1)^2+3$ $(y=x^2-2x+4)$

[解説] 放物線 C は $y=x^2-8x+7$ を平行移動したもので，頂点が $y=2x+1$ 上にあるから，
$y=(x-p)^2+2p+1$ と表される。
グラフが点 $(2, 4)$ を通るから，
$4=(2-p)^2+2p+1$
よって，$p^2-2p+1=0$
$(p-1)^2=0$
ゆえに，$p=1$

2 $y=x^2-4x+7$

[解説] $y=x^2$ を x 軸に関して対称移動すると，$-y=x^2$
すなわち，$y=-x^2$
つぎに，x 軸方向に 2，y 軸方向に -3 だけ平行移動すると，
$y+3=-(x-2)^2$
すなわち，$y=-x^2+4x-7$
さらに，x 軸に関して対称移動すると，$-y=-x^2+4x-7$
これが，最初の放物線である。

3 $a=4, b=4$

[解説] 点 $(3, -2)$ と直線 $x=1$ に関して対称な点を $(p, -2)$ とおくと，$\dfrac{3+p}{2}=1$ より，$p=-1$
点 $(-1, -2)$，$(-2, -10)$ と直線 $y=1$ に関して対称な点をそれぞれ $(-1, q)$，$(-2, r)$ とおくと，
$\dfrac{-2+q}{2}=1$，$\dfrac{-10+r}{2}=1$
よって，$q=4, r=12$
ゆえに，点 $(-1, 4)$，$(-2, 12)$ は

放物線 C_1 上にあるから，
$4=a-b+4, 12=4a-2b+4$

4 最大値 8 （$x=2$ のとき）
最小値 -1 （$x=-1$ のとき）

[解説] $y=-x^2+4|x+1|$
$=\begin{cases} -x^2+4(x+1) \\ \quad (x\geqq -1 \text{ のとき}) \\ -x^2-4(x+1) \\ \quad (x<-1 \text{ のとき}) \end{cases}$
$=\begin{cases} -(x-2)^2+8 \\ \quad (x\geqq -1 \text{ のとき}) \\ -(x+2)^2 \\ \quad (x<-1 \text{ のとき}) \end{cases}$

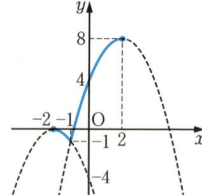

5 (a, b)
$=\left(\dfrac{4}{15}, \dfrac{9}{5}\right), \left(-\dfrac{4}{15}, \dfrac{21}{5}\right)$

[解説] 2次関数であるから，$a\neq 0$
$f(x)=ax^2+4ax+b$
$=a(x+2)^2-4a+b$ とおくと，
$y=f(x)$ のグラフの頂点は
$(-2, -4a+b)$ である。
(i) $a>0$ のとき
$-1\leqq x\leqq 2$ において，
$x=2$ で最大値
$f(2)=12a+b$，
$x=-1$ で最小値
$f(-1)=-3a+b$
をとる。
よって，
$12a+b=5, -3a+b=1$
(ii) $a<0$ のとき
同様に，
$x=-1$ で最大値
$f(-1)$，
$x=2$ で最小値
$f(2)$ をとる。
よって，$-3a+b=5, 12a+b=1$

6 $a=\dfrac{5}{2}$

解説 $f(x)=x^2-2ax+6a$
$=(x-a)^2-a^2+6a$ とおくと，
$y=f(x)$ のグラフは下に凸の放物線で，軸は直線 $x=a$，頂点は
$(a,\ -a^2+6a)$ である。

(i) $a<1$ のとき
$x=1$ で最小値
$f(1)=4a+1$
をとる。
よって，
$4a+1=9$

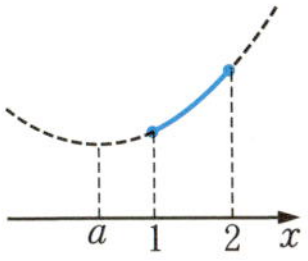

(ii) $1\leq a<2$ のとき
$x=a$ で最小値
$f(a)=-a^2+6a$
をとる。
よって，
$-a^2+6a=9$

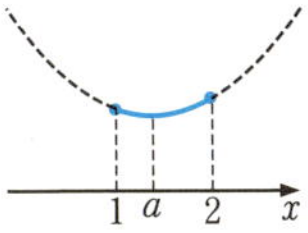

(iii) $a\geq 2$ のとき
$x=2$ で最小値
$f(2)=2a+4$
をとる。
よって，
$2a+4=9$

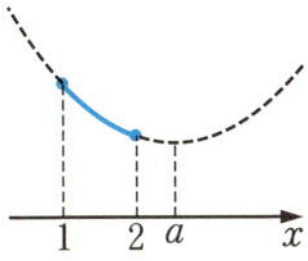

(i), (ii), (iii)より，
a の値の範囲を満たすものを求める。

7 $m(t)=\begin{cases}t^2-4t-3 & (t<2\text{ のとき})\\ -7 & (2\leq t<3\text{ のとき})\\ t^2-6t+2 & (t\geq 3\text{ のとき})\end{cases}$

解説 $f(x)=x^2-6x+2$
$=(x-3)^2-7$ より，$y=f(x)$ のグラフは下に凸の放物線で，頂点は
$(3,\ -7)$ である。

(i) $t+1<3$
すなわち
$t<2$ のとき
$m(t)=f(t+1)$
である。

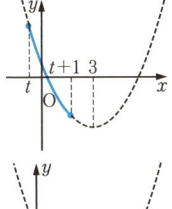

(ii) $t<3\leq t+1$
すなわち
$2\leq t<3$ のとき
$m(t)=f(3)$
である。

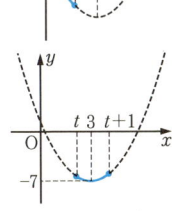

(iii) $t\geq 3$ のとき
$m(t)=f(t)$
である。

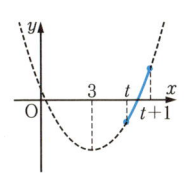

8 (ア) $\dfrac{3}{8}$ (イ) $\dfrac{3}{4}$ (ウ) $-\dfrac{1}{4}$

解説 $4x^2+5y^2-4xy-6y+2$
$=(4x^2-4xy+y^2)+4y^2-6y+2$
$=(2x-y)^2+4\left(y-\dfrac{3}{4}\right)^2-4\cdot\dfrac{9}{16}+2$

9 (1) $M=\begin{cases}a^2-2a-1 & \\ & \left(0<a\leq\dfrac{1}{2}\text{ のとき}\right)\\ 9a^2-6a-1 & \\ & \left(a>\dfrac{1}{2}\text{ のとき}\right)\end{cases}$

$m=\begin{cases}9a^2-6a-1 & \\ & \left(0<a\leq\dfrac{1}{3}\text{ のとき}\right)\\ -2 & \left(\dfrac{1}{3}<a\leq 1\text{ のとき}\right)\\ a^2-2a-1 & (a>1\text{ のとき})\end{cases}$

(2) $a=\dfrac{3-\sqrt{3}}{12},\ \dfrac{3-\sqrt{3}}{3},\ \dfrac{3+\sqrt{3}}{9}$

解説 (1) $t=ax$ とおくと，
$a>0$，$1\leq x\leq 3$ より，$a\leq t\leq 3a$
$f(t)=t^2-2t-1=(t-1)^2-2$ とおくと，$y=f(t)$ のグラフは下に凸の放物線で，頂点は $(1,\ -2)$ である。
M について，

(i) $0<2a<1$
すなわち
$0<a<\dfrac{1}{2}$ のとき
$t=a$ で最大値
$f(a)$ をとる。

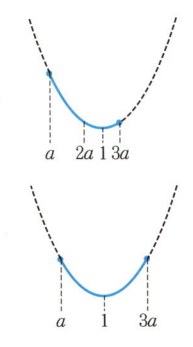

(ii) $2a=1$
すなわち
$a=\dfrac{1}{2}$ のとき
$t=a,\ 3a$ で

最大値 $f(a)=f(3a)$ をとる。
(iii) $2a>1$
すなわち
$a>\dfrac{1}{2}$ のとき
$t=3a$ で最大値 $f(3a)$ をとる。
m について,
(i) $0<3a\leqq1$
すなわち
$0<a\leqq\dfrac{1}{3}$ のとき
$t=3a$ で最小値 $f(3a)$ をとる。
(ii) $a\leqq1<3a$
すなわち
$\dfrac{1}{3}<a\leqq1$ のとき
$t=1$ で最小値 $f(1)$ をとる。
(iii) $a>1$ のとき
$t=a$ で最小値 $f(a)$ をとる。

参考 (1)は次のように考えてもよい。
$a>0$ より,
$y=a^2x^2-2ax-1=a^2\left(x-\dfrac{1}{a}\right)^2-2$
この2次関数のグラフは下に凸の放物線で, 頂点は $\left(\dfrac{1}{a},\ -2\right)$ である。
M について,
(i) $0<\dfrac{1}{a}<2$ すなわち $a>\dfrac{1}{2}$ のとき
(ii) $\dfrac{1}{a}=2$ すなわち $a=\dfrac{1}{2}$ のとき
(iii) $\dfrac{1}{a}>2$ すなわち $0<a<\dfrac{1}{2}$ のとき
のそれぞれの場合で最大値を求める。
m について,
(i) $0<\dfrac{1}{a}<1$ すなわち $a>1$ のとき
(ii) $1\leqq\dfrac{1}{a}<3$ すなわち $\dfrac{1}{3}<a\leqq1$ のとき

(iii) $\dfrac{1}{a}\geqq3$ すなわち $0<a\leqq\dfrac{1}{3}$ のとき
のそれぞれの場合で最小値を求める。

解説 (2)(i) $0<a\leqq\dfrac{1}{3}$ のとき
$M-m$
$=(a^2-2a-1)-(9a^2-6a-1)$
$=-8a^2+4a$
$-8a^2+4a=\dfrac{1}{3}$ より,
$24a^2-12a+1=0$
よって, $a=\dfrac{3\pm\sqrt{3}}{12}$

(ii) $\dfrac{1}{3}<a\leqq\dfrac{1}{2}$ のとき
$M-m=(a^2-2a-1)-(-2)$
$=a^2-2a+1$
$a^2-2a+1=\dfrac{1}{3}$ より, $(a-1)^2=\dfrac{1}{3}$
よって, $a=\dfrac{3\pm\sqrt{3}}{3}$

(iii) $\dfrac{1}{2}<a\leqq1$ のとき
$M-m=(9a^2-6a-1)-(-2)$
$=9a^2-6a+1$
$9a^2-6a+1=\dfrac{1}{3}$ より,
$(3a-1)^2=\dfrac{1}{3}$
よって, $a=\dfrac{3\pm\sqrt{3}}{9}$

(iv) $a>1$ のとき
$M-m$
$=(9a^2-6a-1)-(a^2-2a-1)$
$=8a^2-4a$
$8a^2-4a=\dfrac{1}{3}$ より,
$24a^2-12a-1=0$
よって, $a=\dfrac{3\pm\sqrt{15}}{12}$

(i)〜(iv)より, a の値の範囲を満たすものを求める。

3章 2次関数と2次方程式・2次不等式

問1 (1) $k<3$ (2) $k\geqq -\dfrac{1}{4}$

[解説] (1) 2次方程式の判別式をDとすると,
$\dfrac{D}{4}=4^2-2(k+5)=6-2k$
異なる2つの実数解をもつのは,$D>0$のときである。
(2) $k=2$のとき,$3x-1=0$より,実数解をもつ。
$k\neq 2$のとき,2次方程式の判別式をDとすると,
$D=3^2-4\cdot(k-2)\cdot(-1)=4k+1$
実数解をもつのは,$D\geqq 0$のときである。

[注意] (2) 問題文には「方程式」とあり,「2次方程式」ではないので,x^2の係数が0の場合も考える。

問2 $k=8$のとき,重解 $x=2$
$k=-8$のとき,重解 $x=-2$

[解説] 2次方程式の判別式をDとすると,
$D=(-k)^2-4\cdot 2\cdot 8=k^2-64$
重解をもつのは,$D=0$のときである。

問3 (1) 2個 (2) 0個 (3) 1個

[解説] 2次方程式の判別式をDとする。
(1) $D=9^2-4\cdot 4\cdot 5=1$
(2) $\dfrac{D}{4}=(-5)^2-2\cdot 13=-1$
(3) $\dfrac{D}{4}=(-\sqrt{2})^2-2=0$

問4 (1) $k<0$, $0<k<\dfrac{1}{2}$ のとき, 2個
$k=\dfrac{1}{2}$ のとき, 1個
$k>\dfrac{1}{2}$ のとき, 0個
(2) $k=-2$ のとき,$(-1, 0)$
$k=6$ のとき,$(3, 0)$

[解説] (1) 2次関数であるから,$k\neq 0$
2次方程式 $k^2x^2+2(k-1)x+1=0$ の判別式をDとすると,
$\dfrac{D}{4}=(k-1)^2-k^2\cdot 1=-2k+1$
共有点の個数は,
$D>0$のとき 2個,
$D=0$のとき 1個,
$D<0$のとき 0個である。
(2) 2次方程式 $x^2-kx+k+3=0$ の判別式をDとすると,
$D=(-k)^2-4(k+3)$
$=k^2-4k-12$
2次関数のグラフがx軸に接するのは,$D=0$のときである。

問5 (1) $\dfrac{5}{3}$ (2) $\dfrac{1}{3}$ (3) $\dfrac{19}{9}$ (4) $\dfrac{80}{27}$

[解説] 2次方程式 $ax^2+bx+c=0$ の2つの解をα,βとすると,解と係数の関係より,
$\alpha+\beta=-\dfrac{b}{a}$, $\alpha\beta=\dfrac{c}{a}$
(3) $\alpha^2+\beta^2=(\alpha+\beta)^2-2\alpha\beta$,
(4) $\alpha^3+\beta^3=(\alpha+\beta)(\alpha^2-\alpha\beta+\beta^2)$
として,(1), (2), (3)の値を代入する。

問6 2次方程式 $-2x^2+ax+5=0$ すなわち $2x^2-ax-5=0$ の判別式をDとすると,
$D=(-a)^2-4\cdot 2\cdot(-5)=a^2+40$
$a^2\geqq 0$ であるから,$D>0$
ゆえに,$y=-2x^2+ax+5$ のグラフは,x軸と異なる2点で交わる。
$a=\pm 2\sqrt{15}$

[解説] 2次方程式 $2x^2-ax-5=0$ の2つの解をα,β ($\alpha<\beta$) とすると,
$\beta-\alpha=\dfrac{\sqrt{a^2+40}}{2}$
$\beta-\alpha=5$ より,$\sqrt{a^2+40}=10$

[参考] 解と係数の関係を利用してもよい。

2次方程式 $2x^2-ax-5=0$ の2つの解を α, β とすると,
$\alpha+\beta=\dfrac{a}{2}$, $\alpha\beta=-\dfrac{5}{2}$
$|\beta-\alpha|^2=(\beta-\alpha)^2=(\alpha+\beta)^2-4\alpha\beta$
$=\left(\dfrac{a}{2}\right)^2-4\cdot\left(-\dfrac{5}{2}\right)=\dfrac{a^2+40}{4}$
$|\beta-\alpha|^2=5^2=25$ より,
$a^2+40=4\cdot25$

問7 (1) 共有点を2個もつ。
座標 $(-4, -21)$, $(2, 3)$
(2) 共有点をもたない。
(3) 共有点を1個もつ。
座標 $(2, 3)$

解説 放物線と直線の方程式から y を消去し,得られた2次方程式の実数解が共有点の x 座標である。
また,共有点をもたない場合は,得られた2次方程式の判別式を D とすると,$D<0$ となる。
(1) $-x^2+2x+3=4x-5$ より,
$x^2+2x-8=(x+4)(x-2)=0$
(2) $-x^2+2x+3=\dfrac{1}{4}x+5$ より,
$-4x^2+8x+12=x+20$
$4x^2-7x+8=0$
この2次方程式の判別式を D とすると, $D=(-7)^2-4\cdot4\cdot8=-79$
(3) $-x^2+2x+3=-2x+7$ より,
$x^2-4x+4=(x-2)^2=0$

問8 $k>-\dfrac{3}{4}$ のとき, 2個
$k=-\dfrac{3}{4}$ のとき, 1個
$k<-\dfrac{3}{4}$ のとき, 0個

解説 $x^2-2kx=3x-k^2$ より,
$x^2-(2k+3)x+k^2=0$
この2次方程式の判別式を D とすると,
$D=\{-(2k+3)\}^2-4k^2=12k+9$
共有点の個数は,
$D>0$ のとき2個,
$D=0$ のとき1個,
$D<0$ のとき0個である。

問9 (1) 共有点を2個もつ。
座標 $(1, 2)$, $(2, 8)$
(2) 共有点をもたない。
(3) 共有点を1個もつ。
座標 $\left(\dfrac{3}{2}, 7\right)$

解説 (1) $2x^2=-x^2+9x-6$ より,
$3x^2-9x+6=3(x-1)(x-2)=0$
(2) $x^2+x+2=-x^2+2x$ より,
$2x^2-x+2=0$
この2次方程式の判別式を D とすると, $D=(-1)^2-4\cdot2\cdot2=-15$
(3) $2x^2-x+4=2x^2+7x-8$ より,
$-8x=-12$

問10 $k>-\dfrac{8}{3}$ のとき, 2個
$k=-\dfrac{8}{3}$ のとき, 1個
$k<-\dfrac{8}{3}$ のとき, 0個

解説 $5x^2+3x-2=-x^2-x+k$ より,$6x^2+4x-(k+2)=0$
この2次方程式の判別式を D とすると,
$\dfrac{D}{4}=2^2+6(k+2)=6k+16$
共有点の個数は,
$D>0$ のとき2個,
$D=0$ のとき1個,
$D<0$ のとき0個である。

問11 (1) $-2<x<8$ (2) $x<4$, $7<x$
(3) $x=\dfrac{3}{2}$ (4) すべての実数
(5) 解なし (6) $1-\sqrt{5}\leqq x\leqq1+\sqrt{5}$

解説 (2) $(x-4)(x-7)>0$
(3) $(2x-3)^2\leqq0$
(4) 両辺に -1 を掛けて,
$2x^2-7x+7>0$
2次方程式 $2x^2-7x+7=0$ の判別式を D とすると,
$D=(-7)^2-4\cdot2\cdot7=-7$
(5) 2次方程式 $x^2+2x+4=0$ の判別式を D とすると,
$\dfrac{D}{4}=1^2-4=-3$

(6) $x^2-2x-4=0$ の解は,
$x=1\pm\sqrt{5}$

問12 (1) $-4<x\leqq-1$, $2\leqq x<3$
(2) $x\leqq-2$, $4\leqq x$ (3) 解なし
(4) $-\dfrac{7}{3}\leqq x<\dfrac{-1-\sqrt{5}}{2}$,
$\dfrac{-1+\sqrt{5}}{2}<x\leqq\dfrac{3}{2}$

解説 (1) x^2+x-12
$=(x+4)(x-3)<0$ より,
$-4<x<3$
$x^2-x-2=(x+1)(x-2)\geqq0$ より,
$x\leqq-1$, $2\leqq x$

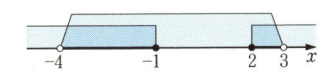

(2) $x^2-5x+4=(x-1)(x-4)\geqq0$
より,
$x\leqq1$, $4\leqq x$
$x^2-x-6=(x+2)(x-3)\geqq0$ より,
$x\leqq-2$, $3\leqq x$

(3) $x^2-5x-6=(x+1)(x-6)>0$
より,
$x<-1$, $6<x$
$x^2-3x=x(x-3)<0$ より,
$0<x<3$

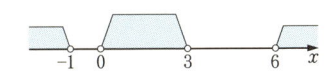

(4) $4x+1<x^2+5x$ を整理すると,
$x^2+x-1>0$ より,
$x<\dfrac{-1-\sqrt{5}}{2}$, $\dfrac{-1+\sqrt{5}}{2}<x$
$x^2+5x\leqq21-5x^2$ を整理すると,
$6x^2+5x-21=(3x+7)(2x-3)\leqq0$
より,
$-\dfrac{7}{3}\leqq x\leqq\dfrac{3}{2}$

問13 (1) $x<-2$, $-1<x<1$, $2<x$
(2) $-2<x<0$

解説 (1)(i) $x\geqq0$ ……① のとき
$x^2-3x+2=(x-1)(x-2)>0$
より,
$x<1$, $2<x$ ……②
①, ②より, $0\leqq x<1$, $2<x$
(ii) $x<0$ ……③ のとき
$x^2+3x+2=(x+2)(x+1)>0$
より,
$x<-2$, $-1<x$ ……④
③, ④より, $x<-2$, $-1<x<0$

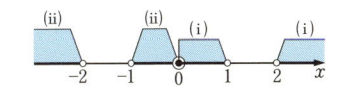

別解 (1) $|x|^2-3|x|+2>0$ とする
と, $(|x|-1)(|x|-2)>0$ より,
$|x|<1$, $2<|x|$
$|x|<1$ より, $-1<x<1$ ……①
$|x|>2$ より, $x<-2$, $2<x$ ……②
①と②の範囲を合わせた部分を求める。

解説 (2)(i) x^2-2x-3
$=(x+1)(x-3)\geqq0$ すなわち
$x\leqq-1$, $3\leqq x$ ……① のとき
$x^2-2x-3<3-x$
$x^2-x-6=(x+2)(x-3)<0$ より,
$-2<x<3$ ……②
①, ②より, $-2<x\leqq-1$
(ii) $x^2-2x-3<0$ すなわち
$-1<x<3$ ……③ のとき
$-(x^2-2x-3)<3-x$
$x^2-3x=x(x-3)>0$ より,
$x<0$, $3<x$ ……④
③, ④より, $-1<x<0$

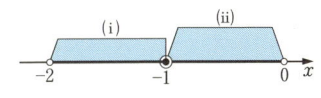

問14 $a=-\dfrac{1}{12}$, $b=\dfrac{1}{3}$

解説 $x<-2$, $6<x$ を解とする2
次不等式の1つは,
$(x+2)(x-6)>0$
すなわち, $x^2-4x-12>0$

両辺を -12 で割ると，
$-\dfrac{1}{12}x^2+\dfrac{1}{3}x+1<0$
これが問題の不等式と一致する。

問15 (1) $\begin{cases} a>0 \text{ のとき, } x<0, a<x \\ a=0 \text{ のとき, } x<0, 0<x \\ a<0 \text{ のとき, } x<a, 0<x \end{cases}$

(2) $\begin{cases} a>3 \text{ のとき, } 3<x<a \\ a=3 \text{ のとき, 解なし} \\ a<3 \text{ のとき, } a<x<3 \end{cases}$

(3) $\begin{cases} a>-1 \text{ のとき,} \\ \quad x<-a, a+2<x \\ a=-1 \text{ のとき,} \\ \quad x<1, 1<x \\ a<-1 \text{ のとき,} \\ \quad x<a+2, -a<x \end{cases}$

(4) $\begin{cases} a>0 \text{ のとき,} \\ \quad x\leqq 0, 2\leqq x \\ a=0 \text{ のとき,} \\ \quad \text{すべての実数} \\ a<0 \text{ のとき,} \\ \quad 0\leqq x\leqq 2 \end{cases}$

解説 (1) $x(x-a)>0$ より，
$a>0, a=0, a<0$ によって場合分けする。
(2) $(x-3)(x-a)<0$ より，
$a>3, a=3, a<3$ によって場合分けする。
(3) $(x+a)(x-a-2)>0$ より，
$-a<a+2$ すなわち $a>-1$
$-a=a+2$ すなわち $a=-1$
$-a>a+2$ すなわち $a<-1$
によって場合分けする。
(4) $ax(x-2)\geqq 0$ より，
$a>0, a=0, a<0$ によって場合分けする。

問16 $a>9$

解説 (i) $a=0$ のとき，
$-12x-5>0$ となる。
たとえば，$x=1$ のとき，これは成り立たない。

(ii) $a\neq 0$ のとき，
2次方程式 $ax^2-12x+a-5=0$ の判別式を D とすると，不等式がすべての実数 x で成り立つ条件は，
$a>0$ かつ $D<0$
$\dfrac{D}{4}=(-6)^2-a(a-5)$
$=-a^2+5a+36$ であるから，
$D<0$ より，$-a^2+5a+36<0$
両辺に -1 を掛けて，
$a^2-5a-36=(a+4)(a-9)>0$
$a>0$ より，$a>9$
(i), (ii) より，$a>9$

1 $k<2, 2<k<\dfrac{7}{3}$ のとき，2個

$k=2, \dfrac{7}{3}$ のとき，1個

$k>\dfrac{7}{3}$ のとき，0個

解説 $y=2x^2+5x-1$ と
$y=kx^2+3x+2$ から y を消去して，
$2x^2+5x-1=kx^2+3x+2$
整理すると，
$(k-2)x^2-2x+3=0$ ……①
$k=2$ のとき，$x=\dfrac{3}{2}$
よって，共有点を1個もつ。
$k\neq 2$ のとき，①の判別式を D とすると，
$\dfrac{D}{4}=(-1)^2-(k-2)\cdot 3=-3k+7$
共有点の個数は，
$D>0$ のとき 2個，
$D=0$ のとき 1個，
$D<0$ のとき 0個である。

2 (1) $x<-2, -1<x$
(2) $2-\sqrt{2}\leqq x\leqq 2+\sqrt{2}$
(3) すべての実数
(4) 解なし

解説 (1) 与式を整理すると，
$x^2+3x+2=(x+2)(x+1)>0$
(2) 与式を整理すると，
$x^2-4x+2\leqq 0$
$x^2-4x+2=0$ の解は，$x=2\pm\sqrt{2}$
(3) 与式を整理すると，

$4x^2-4x+1=(2x-1)^2\geqq 0$
(4) 与式を整理すると,
$2x^2+x+1<0$
2次方程式 $2x^2+x+1=0$ の判別式を D とすると,
$D=1^2-4\cdot 2\cdot 1=-7$

3 $a<-2$, $6<a$
解説 2次方程式 $x^2-ax+a+3=0$ の判別式を D とすると,
$D=(-a)^2-4(a+3)=a^2-4a-12$
x 軸と異なる2点で交わるから,
$D>0$

4 (1) $(-1\pm\sqrt{2}, -1\pm 2\sqrt{2})$
(複号同順)

(2) $a<0$, $0<a<\dfrac{9}{8}$

(3) $-\dfrac{3}{4}<a<0$, $0<a$

注意 複号同順とは, x 座標の複号 $\pm$ の $+$ と $-$ の順に, y 座標の複号 $\pm$ の $+$ と $-$ がそれぞれ対応することを意味する。

解説 (1) $-x^2+2=2x+1$ より,
$x^2+2x-1=0$
(2) ②は放物線であるから, $a\neq 0$
$ax^2-x+3=2x+1$ より,
$ax^2-3x+2=0$
この2次方程式の判別式を D とすると,
$D=(-3)^2-4\cdot a\cdot 2=9-8a$
異なる2点で交わるから, $D>0$
(3) ②は放物線であるから, $a\neq 0$
$-x^2+2=ax^2-x+3$ より,
$(a+1)x^2-x+1=0$ ……(*)
$a=-1$ のとき,
$-x+1=0$ より, 共有点をもつ。
$a\neq -1$ のとき,
(*)の判別式を D とすると,
$D=(-1)^2-4\cdot(a+1)\cdot 1=-4a-3$
共有点をもたないから, $D<0$

5 $-2\sqrt{5}\leqq k\leqq 2\sqrt{5}$
解説 $y=2x-k$ を $x^2+y^2=4$ に代入すると, $x^2+(2x-k)^2=4$
整理すると, $5x^2-4kx+k^2-4=0$

この2次方程式の判別式を D とすると,
$\dfrac{D}{4}=(-2k)^2-5(k^2-4)$
$=-k^2+20$
この2次方程式が実数解をもつから,
$D\geqq 0$

6 $a=-\dfrac{1}{2}$, $b=-5$
解説 $b<x<4$ を解とする2次不等式の1つは, $(x-b)(x-4)<0$
すなわち,
$x^2-(b+4)x+4b<0$ ……①
$a>0$ のとき,
①の両辺に a を掛けると,
$ax^2-a(b+4)x+4ab<0$
これが問題の不等式と一致することはない。
$a<0$ のとき,
①の両辺に a を掛けると,
$ax^2-a(b+4)x+4ab>0$
これが問題の不等式と一致するためには, $-a(b+4)=a$ ……②,
$4ab=10$ ……③
②で $a\neq 0$ より, $b+4=-1$
よって, $b=-5$
これを③に代入する。
別解 $f(x)=ax^2+ax+10$ とおくと,
$f(x)>0$ となる x の範囲が
$b<x<4$ であるから, $a<0$, $b<4$
また, $f(b)=0$, $f(4)=0$ より,
$f(4)=16a+4a+10=0$
$f(b)=ab^2+ab+10=0$
この2式から a, b の値を求める。

7 $x=-1$, 0, 2, 3
解説 (i) $x\geqq 1$ のとき
$(x-1)^2-3(x-1)+1<0$ より,
$x^2-5x+5<0$
$x^2-5x+5=0$ を解くと,
$x=\dfrac{5\pm\sqrt{5}}{2}$
よって, 不等式の解は,
$\dfrac{5-\sqrt{5}}{2}<x<\dfrac{5+\sqrt{5}}{2}$
これは $x\geqq 1$ を満たす。

(ii) $x<1$ のとき
$(x-1)^2+3(x-1)+1<0$ より,
$x^2+x-1<0$
$x^2+x-1=0$ を解くと,
$x=\dfrac{-1\pm\sqrt{5}}{2}$
よって, 不等式の解は,
$\dfrac{-1-\sqrt{5}}{2}<x<\dfrac{-1+\sqrt{5}}{2}$
これは $x<1$ を満たす.

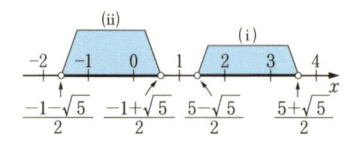

[別解] $|x-1|^2-3|x-1|+1<0$ ……①
とする.
$|x-1|^2-3|x-1|+1=0$ より,
$|x-1|=\dfrac{3\pm\sqrt{5}}{2}$
①より,
$\dfrac{3-\sqrt{5}}{2}<|x-1|<\dfrac{3+\sqrt{5}}{2}$ ……②
これは $|x-1|\geqq 0$ を満たす.
②を満たす $|x-1|$ の整数値は,
$|x-1|=1, 2$
よって, $x-1=\pm 1, \pm 2$
ゆえに, $x=-1, 0, 2, 3$

8 (1) $-1-\sqrt{3}<x<-1+\sqrt{3}$
(2) $x<a-1, a+1<x$
(3) $a\leqq -2-\sqrt{3}, \sqrt{3}\leqq a$

[解説] (1) $x^2+2x-2=0$ の解は,
$x=-1\pm\sqrt{3}$
(2) 不等式の左辺を因数分解すると,
$(x-a+1)(x-a-1)>0$
$a-1<a+1$ に注意すること.
(3) (1), (2) の範囲を数直線で表してみる. 次の図のように, (1) の範囲が (2) の範囲に含まれていればよい.

(i)のとき, $-1+\sqrt{3}\leqq a-1$
(ii)のとき, $a+1\leqq -1-\sqrt{3}$

問17 (1) $-3<a<-\dfrac{6}{5}$
(2) $-\dfrac{6}{5}<a<1$

[解説] $f(x)=x^2-4ax+5a^2+a-6$
$=(x-2a)^2+a^2+a-6$ より,
放物線 $y=f(x)$ の軸の方程式は,
$x=2a$
(1) $y=f(x)$ が図1のようになればよい.
(i) $f(x)=0$ の判別式を D とすると, $D>0$
$\dfrac{D}{4}=(-2a)^2-(5a^2+a-6)$
$=-a^2-a+6=-(a+3)(a-2)$
(ii) $y=f(x)$ の軸は $x<0$ の部分にあるから, $2a<0$
(iii) $y=f(x)$ と y 軸との交点の y 座標 $f(0)$ が正である.
$f(0)=5a^2+a-6=(5a+6)(a-1)$
(2) $y=f(x)$ が図2のようになればよい. $y=f(x)$ と y 軸との交点の y 座標 $f(0)$ が負である.

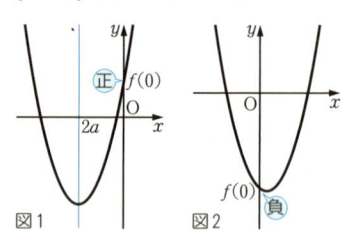

図1 図2

問18 (1) $a>-\dfrac{3}{5}$ (2) $-\dfrac{3}{5}\leqq a\leqq 1$

[解説] $f(x)=x^2-2(a+1)x+3a$ とおく.
$f(x)=\{x-(a+1)\}^2-a^2+a-1$
$f(x)=0$ の判別式を D とすると,
$\dfrac{D}{4}=\{-(a+1)\}^2-3a$
$=a^2-a+1=\left(a-\dfrac{1}{2}\right)^2+\dfrac{3}{4}$
よって, $D>0$ であるから,

$f(x)=0$ はつねに異なる2つの実数解をもつ。
$y=f(x)$ のグラフの軸の方程式は，
$x=a+1$ ……①
$f(-1)=5a+3$ ……②
$f(3)=-3a+3$ ……③
(1) $y=f(x)$ が図1のようになればよい。
(i) $y=f(x)$ の軸は $x>-1$ の部分にあるから，①より，$a+1>-1$
(ii) $f(-1)>0$ であるから，②より，$5a+3>0$
(2) $y=f(x)$ が図2のようになればよい。
(i) $y=f(x)$ の軸は $-1<x<3$ の部分にあるから，①より，
$-1<a+1<3$
(ii) $y=f(x)$ と $x=-1$，$x=3$ との交点の y 座標 $f(-1)$，$f(3)$ がともに0以上である。
②，③より，
$5a+3\geqq 0$，$-3a+3\geqq 0$

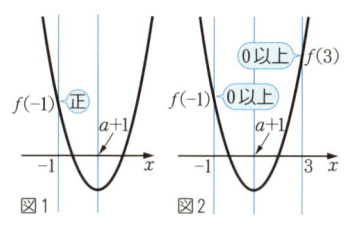

図1 図2

問19 $0<a\leqq 3$
解説 $f(x)=3x^2-(a+3)x+3a-6$ とおくと，
$f(x)$
$=3\left(x-\dfrac{a+3}{6}\right)^2-\dfrac{a^2-30a+81}{12}$
(i) 2つの解（重解を含む）がともに $0<x<2$ の範囲にある場合
$f(x)=0$ の判別式を D とすると，
$D=(a+3)^2-4\cdot 3\cdot(3a-6)$
$=a^2-30a+81$
$D\geqq 0$ より，$(a-3)(a-27)\geqq 0$
$y=f(x)$ のグラフの軸の方程式は $x=\dfrac{a+3}{6}$ であるから，

$0<\dfrac{a+3}{6}<2$
$f(0)>0$ より，$3a-6>0$
$f(2)>0$ より，$a>0$
ゆえに，$2<a\leqq 3$
(ii) 1つの解だけが $0<x<2$ の範囲にある場合
(ア) $x=0$ を解にもつとき，$a=2$
$x(3x-5)=0$ より，$x=0$，$\dfrac{5}{3}$
このとき，条件を満たす。
(イ) $x=2$ を解にもつとき，$a=0$
$3(x+1)(x-2)=0$ より，
$x=-1$，2
このとき，条件を満たさない。
(ウ) $x=0$，2 を解にもたず，1つの解だけが $0<x<2$ の範囲にあるとき，$f(0)>0$，$f(2)<0$ または $f(0)<0$，$f(2)>0$
すなわち，$f(0)f(2)<0$
$f(0)f(2)=(3a-6)\cdot a$
(ア)，(イ)，(ウ)より，$0<a\leqq 2$

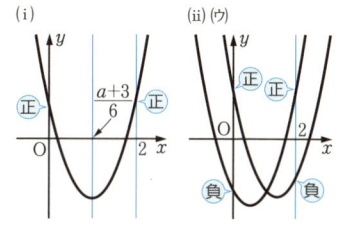

(i) (ii)(ウ)

問20 (1) $x=1$，$-k-2$
(2) $k=3$ のとき，共通解は $x=1$
$k=1$ のとき，共通解は $x=-3$
解説 (1) ①より，
$(x-1)\{x+(k+2)\}=0$
(2)(i) $x=1$ が共通解であるとき
②より，$1^2+k+k-7=0$
よって，$k=3$
このとき，①より，$x=1$，-5
また，②より，$(x-1)(x+4)=0$
(ii) $x=-k-2$ が共通解であるとき
②より，
$(-k-2)^2+k(-k-2)+k-7=0$
よって，$k=1$
このとき，①より，$x=1$，-3

また，②より，$(x+3)(x-2)=0$
別解 (2) 共通解を α とすると，
$\alpha^2+(k+1)\alpha-(k+2)=0$ ……①
$\alpha^2+k\alpha+k-7=0$ ……②
①$-$② より，$\alpha=2k-5$
$x=1$ が共通解であるとき，
$2k-5=1$
$x=-k-2$ が共通解であるとき，
$2k-5=-k-2$

問21 (1) $a\leqq -6$, $8\leqq a$
(2) $a\leqq -4$, $2\leqq a$
(3) $-6<a\leqq -4$, $2\leqq a<8$
解説 2次方程式①，②の判別式をそれぞれ D_1, D_2 とすると，①，② が実数解をもつのは，$D_1\geqq 0$, $D_2\geqq 0$ のときである。
$D_1=(-a)^2-4(-a+3)$
$=a^2+4a-12$
$=(a+6)(a-2)$ より，
$a\leqq -6$, $2\leqq a$ ……③
$D_2=(a+2)^2-4(2a+9)$
$=a^2-4a-32$
$=(a+4)(a-8)$ より，
$a\leqq -4$, $8\leqq a$ ……④

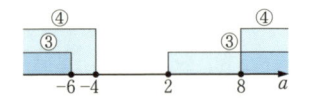

(1) $D_1\geqq 0$ かつ $D_2\geqq 0$ である a の値の範囲を考える。
(2) $D_1\geqq 0$ または $D_2\geqq 0$ である a の値の範囲を考える。
(3) $D_1\geqq 0$ かつ $D_2<0$ である a の値の範囲，または $D_1<0$ かつ $D_2\geqq 0$ である a の値の範囲を考える。

問22 $a=-1$, 3
解説 $x^2-4x-5\geqq 0$ より，
$(x+1)(x-5)\geqq 0$
よって，$x\leqq -1$, $5\leqq x$ ……①
$x^2-3ax+2a^2\leqq 0$ より，
$(x-a)(x-2a)\leqq 0$
$a>0$ のとき，$a\leqq x\leqq 2a$ ……②
$a=0$ のとき，$x=0$

このとき，条件を満たさない。
$a<0$ のとき，$2a\leqq x\leqq a$ ……③
(i) $a>0$ のとき
①，②を同時に満たす整数が2個となるのは，次の図の数直線のような場合で，2個の整数は，$x=5$, 6
このとき，$6\leqq 2a<7$

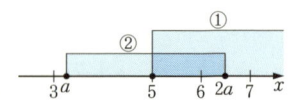

(ii) $a<0$ のとき
①，③を同時に満たす整数が2個となるのは，次の図の数直線のような場合で，2個の整数は，
$x=-2$, -1
このとき，$a=-1$

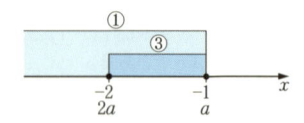

問23 $-\dfrac{9}{4}\leqq a\leqq 4$
解説 $f(x)=(x+a)^2-a^2+2a+8$
$(x\leqq 1)$ より，放物線 $y=f(x)$ の頂点は，$(-a, -a^2+2a+8)$
(i) $-a\leqq 1$
すなわち
$a\geqq -1$ のとき
$y=f(x)$ は，
$x=-a$ で最小値
$-a^2+2a+8$ をとるから，求める条件は，
$-a^2+2a+8\geqq 0$
すなわち，
$(a+2)(a-4)\leqq 0$
(ii) $-a>1$
すなわち
$a<-1$ のとき
$y=f(x)$ は，
$x=1$ で最小値
$4a+9$ をとるから，
求める条件は，
$4a+9\geqq 0$

問24 (1) $a<-3$
(2) $a>-3$
解説 $h(x)=f(x)-g(x)$
$=3x^2+2x-3-(x^2+2x+a)$
$=2x^2-a-3$ とおく。
$y=h(x)$ のグラフは下に凸の放物線で，頂点は $(0, -a-3)$
(1) すべての実数 x に対して $h(x)>0$ が成り立つためには，$(h(x)$ の最小値$)>0$ となればよい。
(2) ある実数 x に対して $h(x)<0$ が成り立つためには，$(h(x)$ の最小値$)<0$ となればよい。

問25 $a>5$ のとき，0個
$a=5$ のとき，1個
$-3<a<5$ のとき，2個
$a=-3$ のとき，3個
$-4<a<-3$ のとき，4個
$a=-4$ のとき，3個
$a<-4$ のとき，2個
解説 $x^2+a=4|x-1|-3$ とすると，
$-x^2+4|x-1|-3=a$
$y=-x^2+4|x-1|-3$ とおく。
$x-1\geqq 0$ すなわち $x\geqq 1$ のとき，
$y=-x^2+4(x-1)-3$
$=-x^2+4x-7$
$=-(x-2)^2-3$
$x-1<0$ すなわち $x<1$ のとき，
$y=-x^2-4(x-1)-3$
$=-x^2-4x+1=-(x+2)^2+5$
ゆえに，$y=-x^2+4|x-1|-3$ のグラフは次の図のようになる。
このグラフと直線 $y=a$ の共有点の個数を調べる。

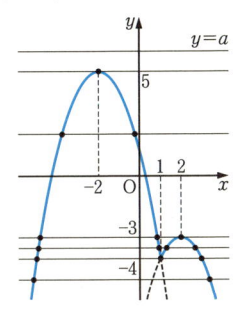

問26 (1)

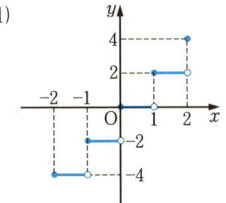

(2)

解説 (1) $-2\leqq x<-1$ のとき，$y=2\cdot(-2)$
$-1\leqq x<0$ のとき，$y=2\cdot(-1)$
$0\leqq x<1$ のとき，$y=2\cdot 0$
$1\leqq x<2$ のとき，$y=2\cdot 1$
$x=2$ のとき，$y=2\cdot 2$
(2) $-4\leqq 2x<-3$ のとき，$y=-4$
$-3\leqq 2x<-2$ のとき，$y=-3$
$-2\leqq 2x<-1$ のとき，$y=-2$
$-1\leqq 2x<0$ のとき，$y=-1$
$0\leqq 2x<1$ のとき，$y=0$
$1\leqq 2x<2$ のとき，$y=1$
$2\leqq 2x<3$ のとき，$y=2$
$3\leqq 2x<4$ のとき，$y=3$
$2x=4$ のとき，$y=4$

問27 (1) $n=0, 1, 2$
(2) $0\leqq x<3$
(3) $x=0, \sqrt{2}, 2$
解説 (1) $n^2-2n\leqq 0$ より，
$n(n-2)\leqq 0$
よって，$0\leqq n\leqq 2$
(2) $[x]=n$（整数）とおくと，
$[x]^2-2[x]\leqq 0$ は $n^2-2n\leqq 0$ と表される。
(1)より，
$n=0$ すなわち $[x]=0$ のとき，

$0 \leq x < 1$
$n=1$ すなわち $[x]=1$ のとき,
$1 \leq x < 2$
$n=2$ すなわち $[x]=2$ のとき,
$2 \leq x < 3$
(3) $0 \leq x < 1$ のとき,
$[x]=0$ より, $x^2=0$
$1 \leq x < 2$ のとき,
$[x]=1$ より, $x^2-2=0$
$2 \leq x < 3$ のとき,
$[x]=2$ より, $x^2-4=0$

9 $\dfrac{9}{2} \leq a \leq \dfrac{16}{3}$

解説 $f(x)=x^2-ax+a$ とおく。
$y=f(x)$ のグラフは下に凸の放物線で,
$f(1)=1>0$
よって,
$f(2) \leq 0$ かつ
$f(3) \leq 0$ かつ $f(4) \geq 0$ となればよい。
$f(2)=4-a$, $f(3)=9-2a$,
$f(4)=16-3a$ より,
$4-a \leq 0$, $9-2a \leq 0$, $16-3a \geq 0$

10 $m=1, 2$

解説 $f(x)$
$=mx^2+(m^2-3m+2)x+m-3$ とおく。
$y=f(x)$ は 2 次関数であるから,
$m \neq 0$
$y=f(x)$ のグラフは, x 軸と異なる 2 点で交わり, その x 座標は異符号であるから,
グラフが下に凸のとき $f(0)<0$,
グラフが上に凸のとき $f(0)>0$
となる。
また, $f(0)=m-3$
$m>0$ のとき, $f(0)<0$
$m-3<0$ より, $m<3$
よって, $0<m<3$
$m<0$ のとき, $f(0)>0$
$m-3>0$ より, $m>3$
これを満たす m の値はない。

11 (1) $a<0$, $\dfrac{11}{9}<a<4$

(2) $0<a<\dfrac{11}{9}$

解説 $ax^2-4x+1=0$ は 2 次方程式であるから, $a \neq 0$
両辺を a で割ると,
$x^2-\dfrac{4}{a}x+\dfrac{1}{a}=0$
$\dfrac{1}{a}=b$ とおくと, $x^2-4bx+b=0$
$f(x)=x^2-4bx+b$ とおく。
$f(x)=(x-2b)^2-4b^2+b$
$f(x)=0$ の判別式を D とすると,
$\dfrac{D}{4}=(-2b)^2-b=4b^2-b$
$=b(4b-1)$ ……①
$y=f(x)$ のグラフの軸の方程式は,
$x=2b$ ……②
$f(3)=9-11b$ ……③
(1)(i) $y=f(x)$ は x 軸と 2 点で交わるから,
$D>0$
①より,
$b<0$, $\dfrac{1}{4}<b$

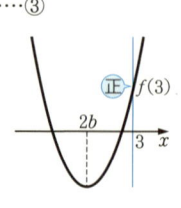

(ii) $y=f(x)$ の軸は $x<3$ の部分にあるから, ②より, $2b<3$
よって, $b<\dfrac{3}{2}$

(iii) $y=f(x)$ と $x=3$ との交点の y 座標 $f(3)$ が正であるから,
③より, $9-11b>0$
よって, $b<\dfrac{9}{11}$

(i), (ii), (iii)より, $b<0$, $\dfrac{1}{4}<b<\dfrac{9}{11}$

(2) $y=f(x)$ と $x=3$ との交点の y 座標 $f(3)$ が負であるから,
③より, $9-11b<0$
よって, $b>\dfrac{9}{11}$

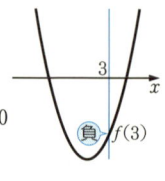

12 共通解 $x=-3$
共通でない解の和 3
[解説] 共通解を $x=\alpha$ とすると，
$\begin{cases} \alpha^2-a\alpha+3b=0 & \cdots\cdots① \\ \alpha^2-b\alpha+3a=0 & \cdots\cdots② \end{cases}$
①－② より，
$(b-a)\alpha+3(b-a)=0$
$(b-a)(\alpha+3)=0$
よって，$a=b$ または $\alpha=-3$
(i) $a=b$ のとき
2つの2次方程式は一致し，条件を満たさない。
(ii) $\alpha=-3$ のとき
①より，$9+3a+3b=0$
よって，$b=-a-3$
2つの2次方程式をそれぞれ解くと，
$x^2-ax-3(a+3)$
$=(x+3)\{x-(a+3)\}=0$ より，
$x=-3,\ a+3$
$x^2+(a+3)x+3a$
$=(x+3)(x+a)=0$ より，
$x=-3,\ -a$

13 (1) $a<-\dfrac{8}{9}$ (2) $a=-\dfrac{2}{3},\ b=3$
[解説] (1) すべての実数 x に対して②が①より上方にあるから，
$ax^2+2x+1<-\dfrac{2}{3}x+3$
すなわち，$3ax^2+8x-6<0$ がすべての実数 x で成り立つ。
$f(x)=3ax^2+8x-6$ とおくと，
$a<0$
また，$f(x)=0$ の判別式を D とすると，$D<0$
$\dfrac{D}{4}=4^2-3a\cdot(-6)=16+18a$ より，
$16+18a<0$
(2) x の2次不等式
$ax^2+2x+1>-\dfrac{2}{3}x+3$
すなわち，$3ax^2+8x-6>0$ の解が $1<x<b$ であるから，$a<0$ で，
$3ax^2+8x-6=3a(x-1)(x-b)$
と表される。
すなわち，$3ax^2+8x-6$

$=3ax^2-3a(b+1)x+3ab$
係数を比較して，
$-3a(b+1)=8,\ 3ab=-6$
このとき，$a<0$ であることを確認する。

14 (1) $x=2\pm 2\sqrt{2},\ 2$ (2) $0<a<4$
[解説] (1) $|x(x-4)|=4$ より，
$x(x-4)=\pm 4$
$x(x-4)=4$ より，$x^2-4x-4=0$
$x(x-4)=-4$ より，$x^2-4x+4=0$
(2) $y=|x(x-4)|$ とおくと，グラフは次の図のようになる。
このグラフと直線 $y=a$ の共有点が4個となる a の値の範囲を求める。
ただし，$|x(x-4)|$
$=\begin{cases} x(x-4) & (x\leqq 0,\ 4\leqq x\ \text{のとき}) \\ -x(x-4) & (0<x<4\ \text{のとき}) \end{cases}$

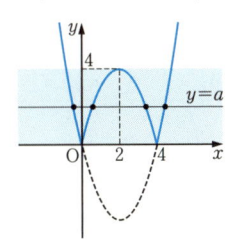

15 (1)

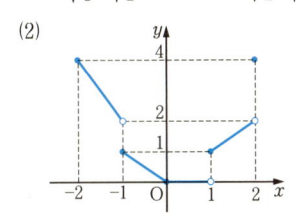

(2)

解説 (1) $x=\pm 2$ のとき，$y=4$
$-2<x\leqq-\sqrt{3}$，$\sqrt{3}\leqq x<2$ のとき，
$y=3$
$-\sqrt{3}<x\leqq-\sqrt{2}$，$\sqrt{2}\leqq x<\sqrt{3}$ の
とき，$y=2$
$-\sqrt{2}<x\leqq-1$，$1\leqq x<\sqrt{2}$ のとき，
$y=1$
$-1<x<1$ のとき，$y=0$
(2) $-2\leqq x<-1$ のとき，$y=-2x$
$-1\leqq x<0$ のとき，$y=-x$
$0\leqq x<1$ のとき，$y=0$
$1\leqq x<2$ のとき，$y=x$
$x=2$ のとき，$y=4$

1 $a=15$

解説 $6x^2-(16a+7)x+(2a+1)(5a+2)<0$ より，
$\{2x-(2a+1)\}\{3x-(5a+2)\}<0$
$a>0$ より，
$\dfrac{5a+2}{3}-\dfrac{2a+1}{2}=\dfrac{4a+1}{6}>0$
よって，$\dfrac{5a+2}{3}>\dfrac{2a+1}{2}$
ゆえに，2次不等式の解は，
$\dfrac{2a+1}{2}<x<\dfrac{5a+2}{3}$ ……①
これを満たす整数 x が 10 個であるから，$9<\dfrac{5a+2}{3}-\dfrac{2a+1}{2}\leqq 11$

$9<\dfrac{4a+1}{6}\leqq 11$
よって，$\dfrac{53}{4}<a\leqq\dfrac{65}{4}$
a は整数であるから，
$a=14$, 15, 16
$a=14$ のとき，
①より，$\dfrac{29}{2}<x<24$
この範囲の整数は，9 個
$a=15$ のとき，
①より，$\dfrac{31}{2}<x<\dfrac{77}{3}$

この範囲の整数は，10 個
$a=16$ のとき，
①より，$\dfrac{33}{2}<x<\dfrac{82}{3}$
この範囲の整数は，11 個

別解 ①において，$\dfrac{2a+1}{2}=a+\dfrac{1}{2}$

a は正の整数であるから，$a+\dfrac{1}{2}<x$
を満たす最小の整数は $a+1$ である。よって，①を満たす 10 個の整数 x は，$x=a+1$, $a+2$, $a+3$, …, $a+9$, $a+10$
ゆえに，$a+10<\dfrac{5a+2}{3}\leqq a+11$
これを解くと，$14<a\leqq\dfrac{31}{2}$

2 (1) $m=-2$, -1, 3
(2) $-2<m<-1$, $\dfrac{5}{2}<m<3$

解説 $f(x)=(m+1)x^2+2(m-1)x+2m-5$
とおく。
$m+1\neq 0$ のとき，
2次方程式 $f(x)=0$ の判別式を D とすると，
$\dfrac{D}{4}=(m-1)^2-(m+1)(2m-5)$
$=-m^2+m+6$
$=-(m+2)(m-3)$ ……①
2次関数 $y=f(x)$ の軸の方程式は，
$x=-\dfrac{m-1}{m+1}$ ……②
また，$f(0)=2m-5$ ……③
(1)(i) $m+1=0$ すなわち $m=-1$ のとき
方程式は $-4x-7=0$ となり，ただ 1 つの実数解 $x=-\dfrac{7}{4}$ をもつ。
(ii) $m+1\neq 0$ すなわち $m\neq -1$ のとき
2次方程式 $f(x)=0$ が重解をもつのは，$D=0$ のときである。
①より，$(m+2)(m-3)=0$
よって，$m=-2$, 3

(2)(1)の(i)より，$m=-1$ のとき，実数解を1つしかもたない。
(i) $m+1>0$ すなわち $m>-1$ のとき
$y=f(x)$ のグラフは図1のようになる。
$x<0$ の部分で x 軸と2つの共有点をもつ条件は，
①より，$-(m+2)(m-3)>0$
よって，$-2<m<3$
②より，$-\dfrac{m-1}{m+1}<0$
$m+1>0$ より，この不等式は，
$-(m-1)<0$ のとき成り立つから，$m>1$
③より，$f(0)=2m-5>0$
よって，$m>\dfrac{5}{2}$

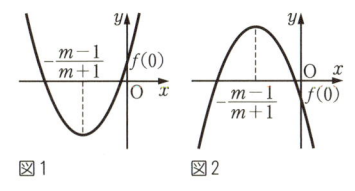

ゆえに，$\dfrac{5}{2}<m<3$

(ii) $m+1<0$ すなわち $m<-1$ のとき
$y=f(x)$ のグラフは図2のようになる。
(i)と同様に，
①より，$-2<m<3$
②より，$-\dfrac{m-1}{m+1}<0$
$m+1<0$ より，この不等式は，$m-1<0$ のとき成り立つ。すなわち，$m<-1$ のとき成り立つ。
③より，$f(0)=2m-5<0$
よって，$m<\dfrac{5}{2}$
ゆえに，$-2<m<-1$

図1　図2

3 5個
[解説] $f(x)=x^2+px+q$ とおく。
2次関数 $y=f(x)$ の軸の方程式は，
$x=-\dfrac{p}{2}$
2次方程式 $f(x)=0$ が異なる2つの正の実数解をもつのは，
(i) 2次方程式 $f(x)=0$ の判別式を D とすると，$D>0$
$D=p^2-4q$ より，$p^2>4q$ ……①
(ii) $y=f(x)$ の軸は $x>0$ の部分にあるから，$-\dfrac{p}{2}>0$
よって，$p<0$ ……②
(iii) $y=f(x)$ と y 軸との交点 $f(0)$ は正であるから，
$f(0)=q>0$ ……③
p は②と $-4\leqq p\leqq 6$ を満たす整数より，$-4\leqq p\leqq -1$
q は③と $-4\leqq q\leqq 6$ を満たす整数より，$1\leqq q\leqq 6$
このとき，①を満たす整数 p, q は，
$q=1$ のとき，$p=-3$，-4
$q=2$ のとき，$p=-3$，-4
$q=3$ のとき，$p=-4$
$q=4$，5，6 のとき，なし

4 (1) $-3<m\leqq -2\sqrt{2}$　(2) $m<-3$
[解説] ①，②の判別式をそれぞれ D_1，D_2 とすると，$D_1\geqq 0$，$D_2\geqq 0$
$D_1=m^2-8$ より，
$m\leqq -2\sqrt{2}$，$2\sqrt{2}\leqq m$
$\dfrac{D_2}{4}=1-m$ より，$m\leqq 1$
よって，$m\leqq -2\sqrt{2}$ ……③
$f(x)=x^2+mx+2$，
$g(x)=x^2+2x+m$ とおくと，2つの放物線の軸の方程式は，それぞれ
$x=-\dfrac{m}{2}$，$x=-1$

③より，$-\dfrac{m}{2}>-1$
また，①，②より，
$x^2+mx+2=x^2+2x+m$
$(m-2)(x-1)=0$
③より，$m\neq 2$　ゆえに，$x=1$
よって，$y=f(x)$ と $y=g(x)$ はつねに $(1, m+3)$ を共有点として

もつ。
(1) 2次関数 $y=f(x)$, $y=g(x)$ のグラフは図1のようになる。
よって，$m+3>0$
③より，$m\leq -2\sqrt{2}$

図1

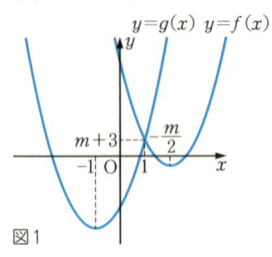

(2) 2次関数 $y=f(x)$, $y=g(x)$ のグラフは図2のようになる。
よって，$m+3<0$
このとき，③を満たす。

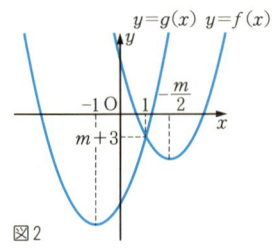

図2

5 $f(x)=(x-a)(x-b)+k(x-c)$
とおくと，この2次関数のグラフは下に凸の放物線である。
$a<c<b$ より，$c-a>0$, $c-b<0$
であるから，
$f(c)=(c-a)(c-b)<0$
よって，$y=f(x)$ のグラフは，右の図のようになり，$y=f(x)$ は x 軸と異なる2点で交わる。
ゆえに，2次方程式 $f(x)=0$ は，つねに異なる2つの実数解をもつ。

6 $4<a<12$
解説 $|x^2+ax+2a|=a$ において，
$a>0$ より，$x^2+ax+2a=\pm a$
$y=x^2+ax+2a$ とおくと，

$y=\left(x+\dfrac{a}{2}\right)^2-\dfrac{a^2}{4}+2a$

この関数のグラフは下に凸の放物線で，頂点は $\left(-\dfrac{a}{2},\ -\dfrac{a^2}{4}+2a\right)$

この放物線が2直線 $y=a$, $y=-a$ と異なる2点で交わればよい。

$a>0$ より，$-a<-\dfrac{a^2}{4}+2a<a$

整理して，$4a<a^2<12a$

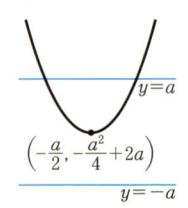

7 $0<a<1$
解説 $y=|x^2-3x-4|$ ……①
$y=a(x+5)$ ……②
として，①，②のグラフが4つの共有点をもつ a の条件を考える。
①について，
$y=|x^2-3x-4|=|(x+1)(x-4)|$
$=\begin{cases}(x+1)(x-4)\\ \quad (x\leq -1,\ 4\leq x \text{ のとき})\\ -(x+1)(x-4)\\ \quad (-1<x<4 \text{ のとき})\end{cases}$

②はつねに点 $(-5,\ 0)$ を通る直線である。
また，$-1<x<4$ のとき，
$-(x^2-3x-4)=a(x+5)$
$x^2+(a-3)x+5a-4=0$
この2次方程式の判別式を D とすると，$D=(a-3)^2-4(5a-4)$
$=a^2-26a+25=(a-1)(a-25)$
①と②が接するのは，$D=0$ より，
$a=1,\ 25$
$a=1$ のとき，$x^2-2x+1=0$ より，
$x=1$（$-1<x<4$ を満たす）
$a=25$ のとき，$x^2+22x+121=0$ より，
$x=-11$（$-1<x<4$ を満たさない）

次のグラフから，a の値の範囲を求める。

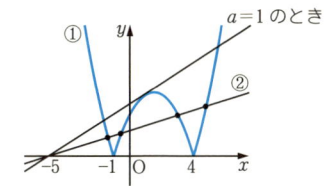

$a=1$ のとき

8 $k \geq \dfrac{1}{4}$

解説 $|x|<1$ より，$-1<x<1$
$a=0$ のとき，$f(x)=k$ より，
$k>0$ であればよい。
$a \neq 0$ のとき，$f(x)$ は1次関数であるから，
$f(-1) \geq 0$, $f(1) \geq 0$ であればよい。
$f(-1)=a^2-a+k \geq 0$ ……①
$f(1)=a^2+a+k \geq 0$ ……②
a についての2次不等式①，②がすべての実数 a において成り立つためには，a についての2次方程式
$a^2-a+k=0$, $a^2+a+k=0$ の判別式をそれぞれ D_1, D_2 とすると，
$D_1 \leq 0$, $D_2 \leq 0$ であればよい。

9 (1) $1 \leq a \leq 3$
(2) $-4 \leq a \leq 8$

解説 ①の解は，$(x+2)(x-3) \leq 0$
より，$-2 \leq x \leq 3$ ……①'
②の解は，
$x^2-(2a-3)x+(a-5)(a+2) \leq 0$
$\{x-(a-5)\}\{x-(a+2)\} \leq 0$
$a-5 < a+2$ であるから，
$a-5 \leq x \leq a+2$ ……②'
(1) ①'，②'が図1の数直線のようになればよいから，
$a-5 \leq -2$, $3 \leq a+2$

図1

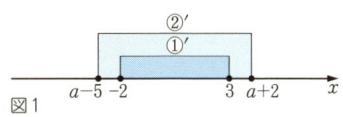

(2) ①'，②'が図2，図3の数直線のようになればよいから，
$a-5 \leq 3$, $-2 \leq a+2$

図2

図3

注意 $a+2-(a-5)=7$，
$3-(-2)=5$ であるから，②'を満たすすべての x が①'を満たすことはない。

別解 (2) ①'と②'を同時に満たす x が存在しないような a の値の範囲は，図4，図5の数直線のようになればよいから，
$3 < a-5$, $a+2 < -2$
この条件の否定を求める。

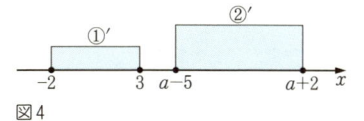

図4

図5

10 (1) $-\dfrac{9}{5} \leq x \leq \dfrac{-5+\sqrt{2}}{2}$

(2) $0 \leq k \leq \dfrac{14}{5}$

(3) $\dfrac{3-\sqrt{5}}{10} \leq k \leq \dfrac{3+\sqrt{5}}{10}$

解説 (1) $k=\dfrac{1}{2}$ のとき，
$f(x) \leq 0$ より，$x^2+5x+\dfrac{23}{4} \leq 0$
$4x^2+20x+23 \leq 0$
よって，$\dfrac{-5-\sqrt{2}}{2} \leq x \leq \dfrac{-5+\sqrt{2}}{2}$
$g(x) \leq 0$ より，$\left|x-\dfrac{1}{2}\right|-\dfrac{23}{10} \leq 0$

$\left|x-\dfrac{1}{2}\right| \leqq \dfrac{23}{10}$

よって，$-\dfrac{23}{10} \leqq x-\dfrac{1}{2} \leqq \dfrac{23}{10}$

ゆえに，$-\dfrac{9}{5} \leqq x \leqq \dfrac{14}{5}$

(2) $f(x)=\{x-(k-3)\}^2-k$ より，
$f(x)$ は $x=k-3$ のとき最小値 $-k$ をとる。
$f(x_1)\leqq 0$ を満たす実数 x_1 が存在するためには，$-k\leqq 0$
よって，$k \geqq 0$
$g(x)=|x-k|+k-\dfrac{14}{5}$ は，
$|x-k|\geqq 0$ であるから，$x=k$ のとき最小値 $k-\dfrac{14}{5}$ をとる。
$g(x_2)\leqq 0$ を満たす実数 x_2 が存在するためには，$k-\dfrac{14}{5}\leqq 0$

よって，$k \leqq \dfrac{14}{5}$

(3) $f(x)\leqq 0$, $g(x)\leqq 0$ を満たす x が存在するためには，(2)より，
$0 \leqq k \leqq \dfrac{14}{5}$ ……①

$f(x)\leqq 0$ より，
$\{x-(k-3)\}^2-k\leqq 0$
これを解くと，
$-\sqrt{k}\leqq x-(k-3)\leqq \sqrt{k}$
$-\sqrt{k}+k-3\leqq x \leqq \sqrt{k}+k-3$ …②
$g(x)\leqq 0$ より，
$|x-k|+k-\dfrac{14}{5}\leqq 0$
これを解くと，
$-\left(\dfrac{14}{5}-k\right)\leqq x-k \leqq \dfrac{14}{5}-k$
よって，$2k-\dfrac{14}{5}\leqq x \leqq \dfrac{14}{5}$ ……③
また，①より，
$\sqrt{k}+k-3 \leqq \sqrt{\dfrac{14}{5}}+\dfrac{14}{5}-3$ が成り立つから，$\sqrt{k}+k-3 < \dfrac{14}{5}$
よって，②，③の範囲を数直線で表すと，次のようになる。

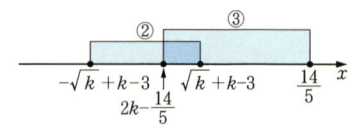

よって，$2k-\dfrac{14}{5}\leqq \sqrt{k}+k-3$

$k+\dfrac{1}{5}\leqq \sqrt{k}$

①の範囲で $k+\dfrac{1}{5}>0$ より，

$\left(k+\dfrac{1}{5}\right)^2 \leqq k$

よって，$25k^2-15k+1\leqq 0$
これを解いて，①の範囲を満たすことを確認する。

11 (1) $-\dfrac{2\sqrt{3}}{3}\leqq x \leqq \dfrac{2\sqrt{3}}{3}$

(2) $x<-\dfrac{2\sqrt{3}}{3}$, $1\leqq x$

(3) $x<-\dfrac{1}{3}$, $1<x$

解説 $f(y)=y^2+xy+x^2-1$ とおく。
y についての2次方程式 $f(y)=0$ の判別式を D とすると，
$D=x^2-4(x^2-1)=-3x^2+4$
$z=f(y)=\left(y+\dfrac{x}{2}\right)^2+\dfrac{3}{4}x^2-1$ とすると，$z=f(y)$ のグラフの軸の方程式は，$y=-\dfrac{x}{2}$

(1) $f(y)=0$ を満たす実数 y が存在するから，$D\geqq 0$ となる。
よって，$-3x^2+4\geqq 0$
(2) $f(y)=0$ を満たす正の実数 y が存在しないから，

(i) $-\dfrac{x}{2}>0$ のとき，$D<0$

(ii) $-\dfrac{x}{2}\leqq 0$ のとき，$f(0)\geqq 0$

となる。
(i)のとき，$x<0$ かつ $-3x^2+4<0$
(ii)のとき，$x\geqq 0$ かつ $x^2-1\geqq 0$

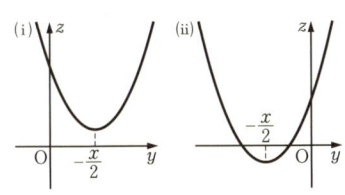

(i) グラフ: 頂点 $-\dfrac{x}{2}$ (下に凸、y軸方向)
(ii) グラフ: $-\dfrac{x}{2}$

(3) $g(y)=x^2+xy+y^2-(x+y)$
$=y^2+(x-1)y+x^2-x$ とおく。
y についての 2 次方程式 $g(y)=0$ の判別式を D_1 とすると、すべての実数 y について $g(y)>0$ となるから、$D_1<0$
よって、$(x-1)^2-4(x^2-x)<0$
$(3x+1)(x-1)>0$

12 (1) $\alpha=\dfrac{2-\sqrt{2}}{2}$, $\beta=\dfrac{2+\sqrt{2}}{2}$

$M=\dfrac{1}{2}$

(2) $\dfrac{1}{4}<m<2-\sqrt{2}$

解説
(1) $y=f(x)$ $(0\leqq x\leqq 2)$ のグラフは、右の図のようになる。
$f(x)=M$ となる x がちょうど 3 つあるためには、$f(0)=f\left(\dfrac{\alpha+\beta}{2}\right)=f(2)$
$f(0)=f(2)$ より、
$\alpha\beta=(2-\alpha)(2-\beta)$
よって、$\alpha+\beta=2$ ……①
$f(0)=f\left(\dfrac{\alpha+\beta}{2}\right)$ より、
$\alpha\beta=\dfrac{(\alpha-\beta)^2}{4}$
よって、$4\alpha\beta=(\alpha-\beta)^2$ ……②
①、②より、β を消去すると、
$2\alpha^2-4\alpha+1=0$
これを解いて、α の値を求める。
①より、β の値を求める。
$\alpha<\beta$ に注意すること。
また、$M=f(0)=\alpha\beta$

(2) $f(x)=|(x-\alpha)(x-\beta)|$
$=|x^2-(\alpha+\beta)x+\alpha\beta|$
(1)より、$\alpha+\beta=2$, $\alpha\beta=\dfrac{1}{2}$
よって、$f(x)=\left|x^2-2x+\dfrac{1}{2}\right|$
$f(x)-mx=0$ が異なる 3 つの解をもつとき、$f(x)=mx$ より、
$y=\left|x^2-2x+\dfrac{1}{2}\right|$ のグラフが直線 $y=mx$ と 3 つの共有点をもつ。
右の図で、$y=f(x)$ と $y=mx$ が接するときの傾きを m_1、点 $\left(2,\dfrac{1}{2}\right)$ を通るときの傾きを m_2 とすると、
$m_2<m<m_1$
m_1 について、
$-\left(x^2-2x+\dfrac{1}{2}\right)=mx$ より、
$2x^2+2(m-2)x+1=0$
この 2 次方程式の判別式を D とすると、$\dfrac{D}{4}=(m-2)^2-2$
$D=0$ より、$m=2\pm\sqrt{2}$
このとき、接点の x 座標を a とすると、$a=-\dfrac{m-2}{2}$
$m=2+\sqrt{2}$ のとき、$a=-\dfrac{\sqrt{2}}{2}$
$m=2-\sqrt{2}$ のとき、$a=\dfrac{\sqrt{2}}{2}$
$\alpha<a<1$ より、$m_1=2-\sqrt{2}$
m_2 について、
$\dfrac{1}{2}=2m_2$ より、$m_2=\dfrac{1}{4}$

新Aクラス中学数学問題集

中学数学の頂点へ！

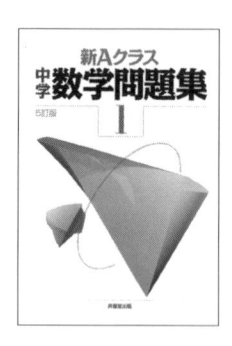

開成中・高校教諭	市川	博規
開成中・高校教諭	木部	陽一
桐朋中・高校教諭	久保田	顕二
駒場東邦中・高校教諭	中村	直樹
桐朋中・高校教諭	成川	康男
筑波大附属駒場中・高校元教諭	深瀬	幹雄
芝浦工業大学准教授	牧下	英世
桐朋中・高校元教諭	巻渕	仁
桐朋中・高校教諭	矢島	弘
駒場東邦中・高校元教諭	吉田	稔
		共著

中学の内容はもちろん，高校に向けての内容もふくまれています。重要事項を簡潔にまとめてあり，例題で解法や考え方を丁寧に解説してあります。また，基本問題から発展問題までバランスよく構成されていますので，筋道立てて考える力が養えます。解答が詳しく書かれていますので，自習用としても最適です。中学数学は，この問題集があれば十分！といっても過言ではありません。

新Aクラス中学数学問題集1年	A5判・240頁	1200円
新Aクラス中学数学問題集2年	A5判・280頁	1300円
新Aクラス中学数学問題集3年	A5判・392頁	1300円
新Aクラス中学代数問題集	A5判・424頁	1350円
新Aクラス中学幾何問題集	A5判・424頁	1350円

※表示の価格は本体価格です。本体価格のほかに消費税がかかります。

代数の先生・幾何の先生

めざせ！Ａランクの数学

ていねいな解説で
自主学習に最適！

開成中・高校教諭
木部　陽一
筑波大附属駒場中・高校元教諭
深瀬　幹雄
共著

先生が直接教えてくれるような丁寧な解説で，やさしいものから程度の高いものまで無理なく理解できます。くわしい脚注や索引を使って，わからないことを自分で調べながら学習することができます。基本的な知識が定着するように，例題や問題を豊富に配置してあります。この参考書によって，学習指導要領の規制にとらわれることのない幅広い学力や，ものごとを論理的に考え，正しく判断し，的確に表現することができる能力を身につけることができます。

代数の先生　A5判・389頁　2200円
幾何の先生　A5判・344頁　2200円

※表示の価格は本体価格です。本体価格のほかに消費税がかかります。

Aクラスブックスシリーズ

単元別完成！この1冊だけで大丈夫!!

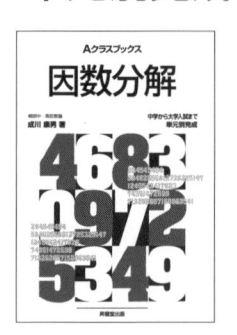

数学の学力アップに加速をつける

桐朋中・高校教諭	成川　康男
筑波大学附属駒場中・高校元教諭	深瀬　幹雄
桐朋中・高校元教諭	藤田　郁夫
桐朋中・高校教諭	矢島　弘
	共著

中学・高校の区分に関係なく，単元別に数学をより深く追求したい人のための参考書です。得意分野のさらなる学力アップ，不得意分野の完全克服に役立ちます。この参考書で学習することによって「考え方」がよくわかり，問題が解けるようになるので，勉強が楽しくなります。内容もとてもくわしく親切で，幅広い学力をつけることができます。「ここまでやっておけば万全」というAクラスにふさわしい内容を備えています。

教科書対応表

	中学1年	中学2年	中学3年	高校数I・A
中学数学文章題	☆	☆	☆	
因数分解			☆	☆
2次関数と2次方程式			☆	☆
場合の数と確率			☆	☆

中学数学文章題	A5判・123頁	900円
因数分解	A5判・130頁	900円
2次関数と2次方程式	A5判・119頁	900円
場合の数と確率	A5判・127頁	900円

※表示の価格は本体価格です。本体価格のほかに消費税がかかります。